高职高专新课程体系规划教材·计算机系列

数据结构案例教程（C/C++版）

邓　锐　主　编

赵　莉　朱清妍　副主编

清华大学出版社

北　京

内 容 简 介

本书依据高职学生学习的特点，经过长期高职教学实践成型。全书包括数据结构与算法、线性表、栈和队列、串、递归、树、图、查找和内排序9部分内容，剔除了数组、矩阵、广义表、外排序和文件等内容，并将较难的内容编排到了"知识与技能扩展"部分，以供读者作为选修内容学习。同时，对于实际工作中应用较少的知识点（如线段树、并查集等）进行了精简。

全书紧紧围绕9部分内容，精心设计了9个有趣的"大话"形式的开场白，旨在通过轻快的类比，帮助学生宏观理解对应的知识点。同时，每章均精选了相对应的经典案例，借助这些案例的讲解和分析，使学生在解决问题的过程中逐步掌握结构设计与算法，并提高学生的通识素养和专业兴趣。

本书可作为高职学院和中职学校计算机相关专业的数据结构和算法教程，同时也可作为程序设计开发者和爱好者的学习参考用书。

图书在版编目（CIP）数据

数据结构案例教程：C/C++版/邓锐主编. —北京：清华大学出版社，2014.10（2019.7重印）

高职高专新课程体系规划教材·计算机系列

ISBN 978-7-302-37657-6

I.①数 …　II.①邓 …　III.①数据结构–高等职业教育–教材　②C语言–程序设计–高等职业教育–教材

IV.①TP311.12 ②TP312

中国版本图书馆CIP数据核字（2014）第186459号

责任编辑：朱英彪
封面设计：刘　超
版式设计：文森时代
责任校对：赵丽杰
责任印制：丛怀宇

出版发行：清华大学出版社
　　　　　网　　　址：http://www.tup.com.cn，http://www.wqbook.com
　　　　　地　　　址：北京清华大学学研大厦A座　　　　　邮　　编：100084
　　　　　社 总 机：010-62770175　　　　　　　　　　　邮　　购：010-62786544
　　　　　投稿与读者服务：010-62776969，c-service@tup.tsinghua.edu.cn
　　　　　质 量 反 馈：010-62772015，zhiliang@tup.tsinghua.edu.cn
印 刷 者：北京富博印刷有限公司
装 订 者：北京市密云县京文制本装订厂
经　　销：全国新华书店
开　　本：185mm × 260mm　　　印　　张：17　　　字　　数：408千字
版　　次：2014年10月第1版　　　　　　　　　　印　　次：2019年 7月第9次印刷
定　　价：48.00元

产品编号：056455-02

前　　言

　　数据结构是一门训练编程思维、提高问题解决能力的课程。从谋生角度来看，其效果可能不会立竿见影；但从长远来看，思维培养比技能训练对学生未来的发展更具深远意义。

　　本书参考中国高职院校计算机教育课程体系提出的"新的教学三部曲：提出问题→解决问题→归纳分析"设计全书架构；按照"目标→问题→任务→方法→结论→扩展"组织目录结构；并根据"定位准确、取舍合理"的指导思想，对课程内容进行了合理的调整和改进。全书包括数据结构与算法、线性表、栈和队列、串、递归、树、图、查找和内排序9部分内容，剔除了数组、矩阵、广义表、外排序和文件等内容，并将较难的内容（如KMP、Floyd等算法）编排到了"知识与技能扩展"部分，以作为选修内容。此外，教材中的程序尽量减少了对指针的使用；并对实际工作中应用得较少的知识点，如线段树、并查集、树表查找等，进行了精简。

　　全书紧紧围绕这9部分内容，精心设计了9个有趣的"大话"形式的开场白，旨在通过轻快的类比，帮助学生宏观理解对应的知识点。同时，每章均精选了相对应的经典案例，借助这些案例的讲解和分析，既可以使学生在解决问题的过程中掌握结构设计方法与算法；又能提高学生的通识素养和专业兴趣。

　　考虑到高职三年的课程安排和面向对象的复杂性，本书特采用C++兼容方式编写，所提供的程序代码均可在Visual C++ 6.0和Visual Studio 2008/2010等C++环境中运行。

　　本书由湖南信息职业技术学院的邓锐主编，赵莉和朱清妍任副主编，参与教材编写、代码测试和技术支持的还有彭顺生、张四平、方丽和杨丽等。感谢学校同事和清华大学出版社编辑部的朋友们，特别是朱英彪、贾小红老师，你们是本书的支持者和首批读者，感谢你们提供的宝贵意见和建议；感谢峨眉山青天工作室的9幅精美插图创作；感谢软件专业的小伙伴们，特别是杨成、何聪、唐衡龙、曹志雄、郭军宏、王小林等同学，正是与你们的开心交流，才激发出这些"大话"素材，并促使我们不断改进教学，在三尺讲台上享受那充满创造力的感觉。

　　本书是湖南省职业教育与成人教育学会科研规划课题"高职计算机专业教材中引入'大话'模式研究"（XHB2013052）、湖南省职业教育"十二五"省级重点建设项目（高职特色专业软件技术）、湖南省职业院校生产性实习实训基地项目、湖南省教育科学"十二五"规划课题"高职软件技术专业在双元课程体系模块化的探究"（XJK012CZJ015）等项目的阶段性研究成果。

　　本书配有相应的教学资源，如案例源程序和相关视频教学素材等，可以通过清华大学出版社的教学资料网站（www.tup.tsinghua.edu.cn）下载，也可通过dengrui2008@163.

com 或 rkyyt@163.com 直接与作者联系获取，还可以通过"世界大学城"（http://www.worlduc.com/UserShow/default.aspx?uid=212249）或超星慕课（http://mooc.chaoxing.com/mycourse/teachercourse?moocId=629135&clazzid=11770）访问更多资源。

在编写本书的过程中，参考了相关教材和参考书，但由于水平有限，书中不妥和疏漏之处在所难免，希望广大读者批评指正。

编者

2014 年 10 月

目　　录

建议课时分配

周次	课时	教学内容	形式	过程考核项目名称
1	2	数据结构与算法	理	第一周可帮助学生复习 C/C++，重点复习指针部分
1	4	高斯的巧妙解题	实	
2	2	线性表（顺序）	理	
2	4	约瑟夫问题求解（顺序）	实	约瑟夫问题求解（顺序）
3	2	线性表（链式）	理	
3	4	约瑟夫问题求解（链式）	实	约瑟夫问题求解（链式）
4	4	栈	理	
4	4	迷宫路径的寻找（栈）	实	迷宫路径的寻找（栈）
5	2	队列	理	
5	4	迷宫路径的寻找（队列）	实	迷宫路径的寻找（队列）
6	2	*递归	理	
6	4	*埃特巴什码的应用	实	埃特巴什码
7	2	*递归	理	
7	4	*黄金分割的验证等	实	黄金分割的验证
8	4	树与二叉树	理	
8	4	二叉树的遍历实现	实	
9	2	*二叉树的构造	理	
9	4	*二叉树构造实现	实	

续表

周次	课时	教学内容	形式	过程考核项目名称
10	2	哈夫曼树	理	
10	4	高效的电文编译	实	高效的电文编译
11	2	图与图的结构	理	
11	4	*图的结构与遍历	实	
12	2	图的应用	理	
12	4	*关键路径等	实	
13	2	最小生成树	理	
13	4	"畅通工程"的解决	实	"畅通工程"的解决
14	2	最短路径	理	
14	4	伤员运送最佳路径选择	实	伤员运送最佳路径选择
15	2	*排序	理	
15	4	*词典中查找单词	实	词典中查找单词
16	2	*搜索	理	
16	4	*光棍节的排序活动	实	光棍节的排序活动

注：

1. 每周上课模式为 2+4 模式，即 2 节理论 +4 节实践。

2. 其中，宽松模式可按 (2+4)*16=96 学时分配课时；紧凑模式可根据实际情况将打"*"号的部分进行压缩减半，按 (2+4)*12=72 学时分配课时。

3. 课程提供了 11 个可供选择的过程考核，实际操作时可根据情况进行删减，建议选择 6~8 个项目进行考核。

4. 第一周时间较宽裕，可帮助学生复习 C/C++ 知识，重点复习指针部分。

第1章

数据结构与算法

开场白

质软滑腻的石墨和坚硬无比的金刚石都是由碳原子组成的。由于它们的结构不一样，所以物理性质差异很大，最终导致用途截然不同。人类是由碳元素为中心组成的碳水化合物。如果另一星球上的智能生物拥有和人类相似的结构，唯一不同的只是所有碳原子替换成了半导体元素硅，相信这种外星人会像石头一样坚不可摧，并能穿山下地，或像变形金刚一样威力无比……虽然人类很难改变自身的结构，却可通过不断改变社会和物质的结构来获得进步。宋朝毕昇发明的活字印刷术，利用活字结构改变了雕版的固定结构，推动了整个人类文明的进步；产业结构调整，往往可以带动新一轮的经济发展和社会进步……

所以，不同的结构具有不同的性质，致使物体具有不同的用途和功效。然而，相同的结构，如果处理的方法不一样，又会产生什么样的差别呢？

例如，要移走一座山，愚公当年靠的是"子子孙孙无穷溃也"的几十乃至上百年的努力，而现代人采用炸药和推土机，几个月就可以完成。再比如，求 1～1000 之和，一般小学生采用呆板的累加方法，可能需要算上半天时间；若采用高斯算法来计算，只需半分钟。因此，方法决定了效率。

综上所述，用计算机解决现实问题，需要编写程序，而编写程序时需要考虑两个问题：一是采用什么结构存放数据（即数据结构）；二是采用什么方法和步骤来处理数据（即算法），以便尽快得到正确结果。选择不同的结构和算法，其效率是完全不同的。

事实上，可再用金庸的武侠小说来打个比方。结构就好比是一个练武之人的悟性和体格，算法就好比是其所学武功的门派和师傅传授的方法。郭靖的先天悟性和体格不算优秀，如果只是江南七怪调教，估计难成大气，但幸运的是得到了洪七公等名师的上乘方法调教，通过日积月累的练习，终成大侠；张无忌既是武学奇才（即先天结构很不错），又有高人前辈指点（即算法也很好），所以能迅速成长为少年英雄。

图灵奖获得者、计算机科学家沃思（N. Wirth）说过："程序=数据结构+算法"。这里，数据结构指数据与数据之间的逻辑关系，算法指解决特定问题的步骤和方法。

本书通过 9 个有趣案例，帮助大家用典型的结构和算法解决实际问题。

1.1 案例提出——高斯的巧妙解题

【案例描述】

描述一：

1787 年，在德国一所乡村小学的三年级课堂里，数学老师为了惩罚吵闹的学生，出了一道计算题：1+2+3+4+5+…+98+99+100。谁完成了就可以放学回家。

把 100 个数一个一个地加起来，这件事让三年级的小学生来做，是一种考验。不料，老师刚说完题目，班里一位名叫高斯的学生，就把他写好答案的小石板交上去了，而其他同学都还在紧张地、逐一地累加这一大堆数字。起初老师毫不在意，这么快就交上来，谁知道写了些什么呢？后来发现，全班只有一位同学做对了，就是这位最快交卷的高斯。

高斯的解答方法让小伙伴们和老师惊呆了。原来，高斯把这 100 个数从两头往中间一边取一个，配起对来，1 和 100，2 和 99，3 和 98，……，共计配成 50 对，每一对两个数相加，都等于 101，因而结果为 $101 \times 50 = 5050$。

请根据时间复杂度分析法，比较高斯和他的小伙伴们的算法优劣。

描述二：

时间穿越到了 2014 年，在德国一所乡村小学的三年级信息技术课堂上，计算机老师为了惩罚吵闹的学生，出了一道编程题：先用文本文件记录 100 个没有规律的数字，然后将文件分发给学生，要求学生利用计算机编程求出它们的和。谁算出正确结果，谁就可放学回家。

编写程序把 100 个没有规律的数一个一个地加起来，这件事让三年级的小学生来做，是一种考验。不料，老师刚说完题目，班里的一位名叫高斯的学生，就把答案报给了老师，而其他同学都还在紧张地、逐一地加着这一大堆数字。

高斯的编程方法同样让小伙伴们和老师惊呆了。原来，高斯是利用数组并借助了一个循环语句，将这 100 个数进行快速求解的。

请对数据的不同结构进行分析，比较高斯和他的小伙伴们的解题优劣。

【案例说明】

在案例描述一中，高斯是通过简单顺序结构，并套用公式实现了 100 个连续整数求和；在描述二中，高斯是通过循环结构，并借助数组实现了 100 个无序数的相加。

【案例目的】

通过用不同的结构来解决同一问题，以及用相同结构的不同算法来解决同一问题，让学习者体会结构和算法对程序效率的影响。

为了比较结构和算法的优劣，先来学习一下相应的知识点吧。

1.2　知识点学习

"数据结构"是计算机及相关专业的专业基础课之一，是一门十分重要的核心课程，主要学习用计算机实现数据组织和数据处理的方法。它也为计算机专业的后续课程（如操作系统、编译原理、数据库原理和软件工程等）的学习打下了坚实的基础。

另外，随着计算机应用领域的不断扩大，非数值计算问题占据了当今计算机应用的绝大多数领域，简单的数据类型已经远远不能满足需要，各数据元素之间的复杂联系已经不是普通数学方程式所能表达的、无论是设计系统软件，还是设计应用软件，都需要用到各种复杂的数据结构，因此，掌握好"数据结构"课程的知识，对于提高解决实际问题的能力将有很大的帮助。实际上，一个"好"的程序无非就是选择了一个合理的数据结构和一个高效的算法，而高效的算法很大程度上取决于描述实际问题所采用的数据结构。所以，要想编写出"好"的程序，仅仅学习计算机语言是不够的，还必须扎实地掌握数据结构的基本知识和技能。

1.2.1　数据结构

在了解了数据结构的作用之后，下面介绍数据结构的定义以及相关的基本概念。

1.2.1.1　数据结构相关概念

数据是用符号对现实世界的事物及活动做出的抽象描述，其中，符号可以是文字符号、数字符号以及其他规定的符号。例如，班级点名册上的名字、学号、考勤记录、平时成绩等都是数据。从计算机的角度来说，数据就是能输入到计算机中并且能被计算机处理的符号的集合。例如，201302 班学生数据就是该班全体学生记录的集合。

数据元素是数据的基本单位。例如，201302 班点名册中的每个学生记录都是一个数据元素。数据元素也可称为元素、结点、顶点、记录等，在计算机中通常被作为一个整体来进行考虑和处理。一个数据元素可以由若干个数据项组成。数据项是具有独立含义的最小的数据单位，也称为字段或域。例如，201302 班点名册中的每个数据元素（即学生记录）是由学号、姓名、出勤和平时成绩等数据项组成的。

数据结构是指数据和数据之间的关系，可以看成是相互之间存在着某种特定关系的数据元素的集合。数据结构包括数据的逻辑结构、数据的物理结构和数据的运算 3 个方面。

数据的逻辑结构表示数据之间的逻辑关系，与数据的存储无关，是独立于计算机的；数据的物理结构（即存储结构）是数据元素及其关系在计算机存储器中的存储方式，即物理结构是计算机语言的实现，是逻辑结构在计算机中的存储方式，依赖于计算机语言；数据的运算是施加在数据上的操作，它是定义在数据的逻辑结构之上的，每种逻辑结构都有一组相应的运算。例如，最常用的运算有插入、删除、查找、排序等。数据的运算最终需在对应的存储结构上用算法来实现。

所以，数据结构是一门讨论描述现实世界实体的数学模型（非数值计算）及其之上的运算在计算机中如何表示和实现的学科。

【例 1.1】 表 1.1 所示的学生表中的数据元素是学生记录，每个数据元素由 4 个数据项（即学号、姓名、性别和年龄）组成。试讨论其存储结构。

表 1.1　学生表

学　号	姓　名	性　别	年　龄
3	张飞	男	18
2	刘备	男	23
14	吕布	男	19
5	貂婵	女	18
26	关羽	男	21
12	小乔	女	17

解：该表中的记录顺序反映了数据元素之间的逻辑关系，用学号标识每个学生记录，这种逻辑关系可以表示为 <3,2>,<2,14>,<14,5>,<5,26>,<26,12>。其中“$<a_i,a_{i+1}>$”表示元素 a_i 和 a_{i+1} 是相邻的，即 a_i 在 a_{i+1} 之前，a_{i+1} 在 a_i 之后。

这些数据在计算机存储器中的存储方式就构成了存储结构。通常可以采用 C++ 语言中的结构体数组和链表两种方式实现其存储结构。

存放上述学生表的结构体数组 Stud 定义如下：

```
struct
{
    int no;                    // 存储学号
    char name[8];              // 存储姓名
    char sex[2];               // 存储性别
    int age;                   // 存储年龄
} Stud[7]={{3," 张飞 "," 男 ",18},…,{12," 小乔 "," 女 ",17}};
```

数组 Stud 中，每个元素在内存中按顺序存放，即 Stud[i] 存放在 Stud[i+1] 之前，Stud[i+1] 存放在 Stud[i] 之后。

存放学生记录表的链表的结点类型 StudType 定义如下：

```
typedef struct studNode
{
    int no;                    // 存储学号
    char name[8];              // 存储姓名
    char sex[2];               // 存储性别
    int age;                   // 存储年龄
    struct studNode *next;     // 存储指向下一个学生的指针
}StudType;
```

学生表中，每个学生记录采用一个 StudType 类型的结点存储，一个学生结点的 next 域指向逻辑结构中其后继学生对应的结点，从而构成一个链表，其存储结构如图 1.1 所示。

图 1.1 学生的链表存储结构

head 是一个指针，指向学生链表的首结点（name 域为张飞的结点），通过 head 指针可以得到首结点地址。首结点的 next 域存放第二个结点（name 域为刘备的结点）的地址，然后由它得到下一个结点的地址。依此类推，通过指针可以找到任何一个结点的地址。

对于学生记录表这种数据结构，可以进行一系列的运算。例如，增加一个学生记录、删除一个学生记录、查找性别为"女"的学生记录、查找年龄为 18 岁的学生记录等。从前面介绍的两种存储结构可以看出，同样的运算，在不同的存储结构中其实现过程是不同的。例如，查找学号为 5 的学生的姓名，对于 Stud 数组，可以从 Stud[0] 开始比较，Stud[0].no 不等于 5，再与 Stud[1].no 比较，直到 Stud[3].no 等于 5，返回 Stud[3].name。而对于以 head 为首结点指针的链表，从 head 所指结点开始比较，*head->no 不等于 5，从它的 next 域得到下一个结点的地址，再与下一个结点的 no 域比较，直到某结点的 no 域等于 5，返回其 name 域。

由例 1.1 可以得出结论：对于一种数据结构，其逻辑结构是唯一的，而存储（物理）结构可以有多种，并且对于同一运算，不同的存储结构，其实现过程可能不同。这类似于碳元素，其原子的逻辑结构是唯一的，但可以通过不同的组合方式形成石墨和金刚石。

数据结构的描述通常采用二元组表示如下：

$$B=(D,R)$$

其中，B 是一种数据结构，它由数据元素的集合 D 和 D 上二元关系的集合 R 组成。即：

$$D=\{d_i|\ 1\leqslant i\leqslant n,n\geqslant 0\}$$
$$R=\{r_j|\ 1\leqslant j\leqslant m,m\geqslant 0\}$$

其中，d_i 表示集合 D 中的第 i 个结点或数据元素；n 为 D 中结点的个数，如果 $n=0$，则 D 是一个空集，B 也就无结构可言。r_j 表示集合 R 中的第 j 个关系；m 为 R 中关系的个数，如果 $m=0$，则 R 是一个空集，表明集合 D 中的结点彼此是独立的，它们之间不存在任何关系。

集合 R 是关系 r 的集合。每个 r 代表一个序偶，对于任一序偶 $<x,y>$（$x,y\in D$），把 x 叫做序偶的第一结点，把 y 叫做序偶的第二结点，结点 x 称为结点 y 的前驱结点（简称前驱），结点 y 称为结点 x 的后继结点（简称后继）。

若一个结点没有前驱，则称该结点为开始结点；若一个结点没有后继，则称该结点为终端结点。若有 $<x,y>\in R$，且 $<y,x>\in R(x,y\in D)$，则用圆括号代替尖括号，即 $(x,y)\in R$，称 (x,y) 为对称序偶。

【例 1.2】采用二元组表示例 1.1 中的学生表。

学生表中共有 6 个结点，依次用 s1 ~ s6 表示，则对应的二元组表示为 $B=(D,R)$，其中：

D={s1,s2,s3,s4,s5,s6 }
R={r}
r={<s1,s2>,<s2,s3>,<s3,s4>,<s4,s5>,<s5,s6>}

用图形可以形象地表示这种数据结构，如图 1.2 所示，图形中的每个结点对应着一个数据元素，两结点之间的连线对应着关系中的一个序偶。

图 1.2　学生表数据结构图示

1.2.1.2　数据的逻辑结构

在不会产生混淆的前提下，常常将数据的逻辑结构简称为数据结构。数据的逻辑结构主要有以下几类。

1．集合

集合是指数据元素同属于一个集合，别无其他关系。

2．线性结构

线性结构中的结点之间是一对一的关系，其特点是开始结点和终端结点都是唯一的，除开始结点和终端结点外，其余结点都有且仅有一个前驱，有且仅有一个后继。顺序表就是典型的线性结构。

3．树形结构

树形结构中的结点之间存在一对多的关系，其特点是每个结点最多只有一个前驱，但可以有多个后继，可以有多个终端结点。二叉树就是一种典型的树形结构。

4．图形结构

图形结构中的结点之间存在多对多的关系，其特点是每个结点的前驱和后继的个数都可以是任意的。因此，可能没有开始结点和终端结点，也可能有多个开始结点和终端结点。

树形结构和图形结构统称为非线性结构。由数据的逻辑结构的相关定义可知，线性结构是树形结构的特殊情况，树形结构是图形结构的特殊情况。本书的一级目录正是按照这种逻辑结构排列的，如图 1.3 所示。

图 1.3　本书一级目录的结构

【例 1.3】有一种数据结构 $B1=(D,R)$，其中：

D={ 1,5,8,12,20,26,34}

R={r}

r={<1,8>,<8,34>,<34,20>,<20,12>,<12,26>,<26,5>}

画出其逻辑结构图示。

解：对应的图形如图 1.4 所示。

图 1.4 对应 B1 的逻辑结构图示

从图 1.4 看出，每个结点有且只有一个前驱（除第一个结点外），有且仅有一个后继（除最后一个结点外）。其特点是结点之间为一对一的联系，即线性关系。这种数据结构就是线性结构。

【例 1.4】有一种数据结构 $B2=(D,R)$，其中：

D={a,b,c,d,e,f,g,h,f,j}

R={r}

r={<a,b>,<a,c>,<a,d>,<b,e>,<c,f>,<c,g>,<d,h>,<d,i>,<d,j>}

画出其逻辑结构图示。

解：对应的图形如图 1.5 所示。

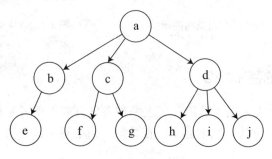

图 1.5 树形结构

从图 1.5 看出，每个结点有且只有一个前驱（除树根结点外），但有多个后继（树叶结点可看作具有 0 个后继结点）。这种数据结构的特点是数据元素之间为一对多联系，即层次关系。这种数据结构就是树形结构。

【例 1.5】有一种数据结构 $B3=(D,R)$，其中：

D={a,b,c,d,e}

R={r}

r={(a,b),(a,c),(a,d),(b,c),(b,e),(c,d), (c,e),(d,e)}

画出其逻辑结构图示。

解：对应的图形如图 1.6 所示。

从图 1.6 可以看出，每个结点可以有多个前驱和多个后继。其特点是数据元素之间为多对多联系，即图形关系。这种数据结构就是图形结构。

【例 1.6】有一种数据结构 $B4=(D, R)$，其中：

D={48,25,64,57,82,36,75}
R={r1,r2}
r1={<25,36>,<36,48>,<48,57>,<57,64>,<64,75>,<75,82>}
r2={<48,25>,<48,64>,<64,57>,<64,82>,<25,36>,<82,75>}

画出其逻辑结构图示。

解：对应的图形如图 1.7 所示。它是一种图形结构，其中，$r1$（对应图中虚线部分）为线性结构，$r2$（对应图中实线部分）为树形结构。

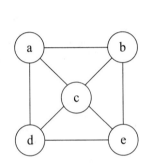

图 1.6　对应 $B3$ 的逻辑结构图示

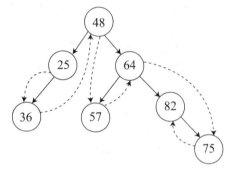

图 1.7　对应 $B4$ 的逻辑结构图示

1.2.1.3　数据的存储结构

在例 1.1 中，学生表采用了数组和链表两种存储方式，前者是典型的顺序存储方法，后者是典型的链式存储方法。归纳起来，在数据结构中有 4 种常用的存储方法。

1. 顺序存储方法

该方法是把逻辑上相邻的结点存储在物理位置上相邻的存储单元里，在算法的 C++ 实现中，顺序存储结构是用数组来描述的。

顺序存储方法的主要优点是节省存储空间，因为分配给数据的存储单元全用于存放结点的数据，结点之间的逻辑关系没有占用额外的存储空间。采用这种方法时，可实现对结点的随机存取，即每个结点作为一个数组元素对应一个下标，由该下标可直接计算出结点的存储地址。例如，对于数组 A 中的数组元素 A[i]，可以通过 *(A+i) 进行存取。顺序存储方法的主要缺点是不便于修改，对结点进行插入、删除运算时，可能要移动一系列结点。

2. 链式存储方法

该方法不要求逻辑上相邻的结点在物理位置上也相邻，结点间的逻辑关系由结点中的指针域来表示。在算法的 C++ 实现中，链式结构要借助于指针类型来描述。

链式存储方法的主要优点是便于修改，在进行插入、删除运算时，仅需修改结点的指针域，不必移动结点。与顺序存储方法相比，链式存储方法的主要缺点是由于分配给数据的存储单元中有指针域（用来存储结点之间的逻辑关系），故存储空间的利用率较低。另外，由于逻辑上相邻的结点在存储器中不一定相邻，所以不能对结点进行随机存取。

3. 索引存储方法

该方法通常用来存储线性结构。在存储结点信息的同时，还建立附加的索引表，像图书的目录一样。索引表中的每一项称为索引项，索引项的一般形式是：（关键字，地址）。其中，关键字可唯一地标识一个结点，地址作为指向结点的指针。这种带有索引表的存储结构可以大大提高数据查找的速度。

索引存储方法的主要优点是可以对结点进行随机访问，在进行插入、删除运算时，只需移动存储在索引表中的结点的存储地址，而不必移动存储在结点表中的结点数据，所以数据修改时效率较高。其缺点是增加了索引表，降低了存储空间的利用率。

4. 哈希（或散列）存储方法

该方法的基本思想是根据结点的关键字，通过哈希函数（也称散列函数）计算出一个值作为该结点的存储地址。

哈希存储方法的优点是查找速度快，只要给出待查结点的关键字，就可以计算出该结点的存储地址。但是哈希存储方法只存储结点的数据，不存储结点之间的逻辑关系，一般只适合要求对数据进行快速查找和插入的场合。

上述 4 种基本的存储方法，既可以单独使用，也可以组合使用。同一种逻辑结构采用不同的存储方法，可以得到不同的存储结构。在实际存储中，需要视具体要求来决定选择使用何种存储结构。

1.2.1.4 数据结构和数据类型

数据类型是和数据结构密切相关的一个概念，容易引起混淆。本节介绍两者之间的差别和抽象数据类型的概念。

1. 数据类型

在 C++ 程序中出现的每个变量、常量或表达式，都需要明确声明它们所属的数据类型。不同类型的变量，其所能取的值的范围不同，所能进行的操作也不同。例如，用 int 声明的变量，在内存中占 2 个字节，能进行加、减、乘、除、求余等运算；用 char 声明的变量，在内存中占 1 个字节，存储的是一个字符，一般不用来做算术运算。

数据类型可分为简单类型和结构类型两种。简单类型中的每个数据（即简单数据）都是无法再分割的整体，如一个整数、实数、字符、指针、枚举量等。结构类型由简单类型按照一定的规则构造而成，一种结构类型中的数据可以分解为若干个简单数据或结构数据，每个结构数据仍可再分。例如，C++ 语言中的数组是一种结构类型，它由多个同一类型的数据组成；结构体也是一种结构类型，它由多个不同类型的数据组成，如例 1.1 中的结构体数组 Stud。

下面回顾一下 C++ 语言中常用的数据类型。

（1）基本数据类型

C++ 语言中的基本数据类型有 int 型、float 型和 char 型。int 型可以有 3 个限定词：

short、long 和 unsigned，分别为短整数、长整数和无符号整数。float 型有 3 种形式：float、double 和 long double，分别为单精度浮点型、双精度浮点型和长浮点型。

（2）指针类型

C++ 语言允许直接对存放变量的地址进行操作。例如，有定义 int i，则 &i 表示变量 i 的地址，也称做指向变量 i 的指针。存放地址的变量称做指针变量。

有关指针的两个操作是：对于定义 int i，则 &i 操作是取变量 i 的地址；对于定义 int *p，其中的 p 是指向一个整数的指针，则 *p 操作是取 p 指针所指的值，即 p 所指地址的内容。

（3）数组类型

数组是同一类型的一组有序数据的集合，包含一维数组和多维数组。数组名用于标识一个数组，下标用于指示一个数组元素在该数组中的顺序位置。

C++ 语言中，数组的下标总是从 0 开始，下标的最大值为数组长度减 1。例如，int a[10] 定义了包含 10 个整数的数组 a，下标范围是 0~9。

（4）结构体类型

结构体由一组称做结构体成员的项组成，每个结构体成员都有自己的标识符。例如：

```
struct  teacher
{
    int no;
    char name[8];
    int age;
}
```

上述语句定义了一个结构体类型 teacher。下面的语句定义了该类型的两个变量 t1 和 t2：

```
struct  teacher t1,t2;
```

（5）自定义类型

C++ 语言中，允许使用 typedef 关键字来定义等同的数据类型名，例如：

```
typedef char ElemType;
```

上述语句将 char 类型与 ElemType 等同起来。

（6）引用运算符

C++ 语言中提供了一种引用运算符 "&"。引用即别名，正如 "赵云" 字 "子龙" 一样，"子龙" 和 "赵云" 实乃一人也。当建立引用时，程序用另一个已定义的变量或对象（目标）的名字初始化它，从那时起，引用作为目标的别名使用，对引用的改动实际就是对目标的改动。例如：

```
int a=4;
```

```
int &b=a;
```

上述语句说明变量 b 是变量 a 的引用，b 也等于 4，之后这两个变量同步改变。

引用常用于函数形参中。采用引用型形参，则在函数调用时会将形参的改变回传给实参。例如，有如下函数（其中的形参均为引用型形参）：

```
void Swap(int &x,int &y) // 形参前的 & 符号不是指针运算符，是引用
{
    int tmp=x;
    x=y; y=tmp;
}
```

例如，当用执行语句 Swap(a,b) 时，a 和 b 的值发生了变换。

2. 抽象数据类型

抽象数据类型（Abstract Data Type，ADT）是指用户进行软件系统设计时，从问题的数学模型中抽象出来的逻辑数据结构和逻辑数据结构上的运算，不考虑计算机的具体存储结构和运算的具体实现算法。

一个具体问题的抽象数据类型的定义包括数据对象（即数据元素的集合）、数据关系和基本运算三方面的内容。抽象数据类型可用 (D,S,P) 三元组表示。其中，D 是数据对象；S 是 D 上的关系集；P 是 D 中数据运算的基本运算集。其基本格式如下：

```
ADT 抽象数据类型名
{
  数据对象：数据对象的定义
  数据关系：数据关系的定义
  基本运算：基本运算的定义
}ADT 抽象数据类型名
```

例如，抽象数据类型复数的定义为：

```
ADT Complex
{
  数据对象：
    D={e1,e2|e1,e2 均为实数 }
  数据关系：
    R1={<e1,e2>| e1 是复数的实数部分 ,e2 是复数的虚数部分 }
  基本操作：
    AssignComplex(&Z,v1,v2);          // 构造复数 Z，其实部和虚部分别赋以参数 v1 和 v2 的值
    DestroyComplex(&Z);               // 复数 Z 被销毁
    GetReal(Z,&real);                 // 用 real 返回复数 Z 的实部值
```

```
        GetImag(Z,&Imag);                    // 用 Imag 返回复数 Z 的虚部值
        Add(z1,z2,&sum);                     // 用 sum 返回两个复数 z1,z2 的和值
    } ADT Complex
```

1.2.2 算法

计算机软件的最终成果都是以程序的形式表现的，数据结构的各种操作都是以算法的形式描述的。数据结构、算法和程序密不可分，它们之间的关系是：数据结构＋算法＝程序。

1.2.2.1 什么是算法

算法是对特定问题求解步骤的一种描述。简单地说，一个算法就是一个解题方法和步骤，是指令的有限序列，其中每一条指令表示计算机的一个或多个操作。一个算法具有以下 5 个重要的特性：

（1）有穷性

一个算法必须能够（对任何合法的输入值）在执行有穷步之后结束，且每一步都可在有穷时间内完成。

（2）确定性

算法中的每一步都必须有确切的含义，并且在任何条件下都只有一条执行路径，即对于相同的输入，只能得出相同的输出。

（3）可行性

算法中的所有操作都必须足够基本，且可以通过已经实现的基本操作运算有限次得以实现。

（4）有输入

具有 0 个或多个输入。有些输入量需要在算法执行过程中输入，而有的算法表面上可以没有输入，实际上已被嵌入算法之中。

（5）有输出

有一个或多个输出，这些输出与输入之间存在确定关系的量。

注意：算法和程序不同。一方面，程序不一定满足有穷性。如操作系统程序，只要系统能正常工作，就不会停止；没有用户操作，就一直处于动态等待中。另一方面，程序中的指令必须是机器可执行的，而算法中的指令则没有这个限制。所以说，算法代表了对问题的解，而程序是算法在计算机上的特定实现。

【例 1.7】设计一个算法，读入 3 个整数 x、y 和 z 的值，要求从大到小输出这 3 个数。

算法设计如下：

（1）输入 x、y、z。

（2）如果 $x<y$，交换 x、y。

（3）如果 $y<z$，交换 y、z。

（4）如果 $x<y$，交换 x、y。

（5）输出 x、y、z 的值。

（6）算法结束

【例 1.8】判断下列两段描述是否满足算法的特征，如不满足，说明它们违反了哪些特征。

程序段 1：

```
void Test1()
{
    n=2;
    while (n%2==0)
        n=n+2;
    cout<<n<<endl;
}
```

程序段 2：

```
void Test2()
{
    y=0;
    x=10/y;
    cout<<x<<'\t'<<y<<endl ;
}
```

　　程序段 1 中，算法是一个死循环，违反了算法的有穷性特征；程序段 2 中，算法包含除零错误，违反了算法的可行性特征。

1.2.2.2　算法描述

　　算法可以使用不同的方法来描述，最简单的是使用自然语言来描述，用自然语言描述算法操作简单、方便阅读，但是不够严谨；算法也可以使用程序流程图、N-S 图等来描述，这样的描述过程简洁明了，但是不能直接在计算机上执行；还可以使用伪代码语言来描述，它是介于程序设计语言和自然语言之间的一种语言，忽略了高级程序设计语言的严格语法规则和描述细节，容易理解。本书采用 C++ 语言来描述，它的优点是类型丰富、语句精炼，编写的程序结构化程度高、可读性强。

　　下面是常用的用于描述算法的 C++ 语言基本语句：

（1）输入语句

```
cin>> 变量名 1[>> 变量名 2>>…>> 变量名 n];
```

（2）输出语句

```
cout<< 表达式 1[<< 表达式 2<<…<< 表达式 n];
```

（3）赋值语句

变量名 = 表达式；

（4）条件语句

if< 条件 ><语句 >；

或者

if< 条件 ><语句 1>else<语句 2>；

（5）循环语句

① while< 表达式 >
{
<循环体语句 >；
}

② do
{
<循环体语句 >；
}while< 表达式 >；

③ for(< 赋初值表达式 1>;< 条件表达式 2>;< 步长表达式 3>)
{
<循环体语句 >；
}

（6）返回语句

return(<返回表达式 >)；

（7）定义函数语句

< 函数返回值类型 ><函数名 >(< 类型名 ><形参 1>,< 类型名 ><形参 2>,…)
{
  < 说明部分 >；
  < 函数语句部分 >；
}

（8）调用函数语句

```
<函数名>(<实参1>,<实参2>,…);
```

【例 1.9】对于例 1.7 的算法，用程序语言描述如下。

```
void Descending()
{
    int x,y,z,temp;
    cout<<" 输入 x,y,z"<<endl;
    cin>>x>>y>>z;
    if (x<y)
    {  temp=x;x=y;y=temp; }        //交换 x 和 y, 使 x ≥ y
    if (y<z)
    {  temp=y;y=z;z=temp; }        //交换 y 和 z, 使 y ≥ z
    if (x<y)
    {  temp=x;x=y;y=temp;}         //交换 x 和 y, 使 x ≥ y
    cout<<x<<'\t'<<y<<'\t'<<z<<endl;
}
```

1.2.2.3　算法分析

要解决一个问题，通常可以设计出若干不同的算法。通过对算法进行分析，可以从中选择较为合适的一种，也可以对现有算法进行改进，以设计出更好的算法。

1．算法设计的目标

算法首先应该是正确的，其次应该易于理解、编码、调试。除此之外，执行算法所耗费的时间和存储空间也是需要考虑的因素。一个好的算法，应该能有效地使用存储空间和有较高的时间效率。

2．算法效率分析

一个算法用高级语言实现后，在计算机上运行时所消耗的时间与很多因素有关，如计算机的运行速度、编写程序采用的计算机语言、编译产生的机器语言代码质量和问题的规模等。在这些因素中，前 3 个都与具体的机器有关。除去这些与计算机硬件、软件有关的因素，一个算法所耗费的时间是该算法中每条语句执行时间的总和，而每条语句的执行时间是该语句的执行次数（也称语句频度）与该语句执行一次所需时间的乘积。假设执行每条语句所需的时间均为单位时间，则一个算法的时间耗费就是该算法中所有语句的频度之和。

在一个算法中，进行基本运算的次数越少，其运行时间也就相对越少；基本运算次数越多，其运行时间也就相对越多。所以，通常把算法中包含基本运算次数的多少称为算法的时间复杂度。也就是说，一个算法的时间复杂度是指该算法的基本运算次数。算法中基

本运算次数 $T(n)$ 是问题规模 n 的某个函数 $f(n)$，记作：

$$T(n)=O(f(n))$$

其中，记号 "O" 读作 "大 O"，即 Order（数量级）的缩写，表示随问题规模 n 的增大，算法执行时间的增长率和 $f(n)$ 的增长率相同。$T(n)$ 称为算法的时间复杂度。例如，一个算法中频度最大的语句执行次数为 $f(n)=5n^2+3n+7$，则 $T(n)=O(n^2)$。

一个没有循环的算法的基本运算次数与问题规模 n 无关，记作 O(1)，也称做常数阶。一个只有一重循环的算法的基本运算次数与问题规模 n 呈线性增长关系，记作 O(n)，也称做线性阶。其他常用的还有平方阶 $O(n^2)$、立方阶 $O(n^3)$、对数阶 $O(\log_2 n)$、指数阶 $O(2^n)$ 等。各种不同数量级对应的值存在如下关系：

$$O(1)<O(\log_2 n)<O(n)<O(n*\log_2 n)<O(n^2)<O(n^3)<O(2^n)<O(n!)$$

将算法的时间复杂度采用这种数量级形式表示，使得算法效率分析变得非常简单。通常只需要分析影响一个算法时间复杂度的主要部分即可，而不必再对每一步都进行详细的分析。

大 O 表示法有两个重要规则：加法规则和乘法规则。

（1）加法规则

当两个并列的算法段的时间代价分别为 $f_1(n)=O(g_1(n))$ 和 $f_2(m)=O(g_2(m))$ 时，两个算法段连在一起的时间代价为：

$$f(n,m)=f_1(n)+f_2(m)=O(\max(g_1(n),g_2(m)))$$

（2）乘法规则

如果存在循环嵌套，关键操作应该在最内层循环中。首先，自外向内、层层分析每一层的渐近时间复杂度，然后利用大 O 表示法的乘法规则来计算其时间复杂度。当两个嵌套时间复杂度的时间代价分别为 $f_1(n)=O(g_1(n))$ 和 $f_2(m)=O(g_2(m))$ 时，那么整个算法段的时间代价为：

$$f(n,m)=f_1(n)*f_2(m)=O(g_1(n)*g_2(m))$$

一个算法执行的基本运算次数常常因输入不同而不同。算法执行的基本运算次数，不仅取决于输入数据元素的个数，即问题的规模，还与输入数据的性质有关。比如，对一组数据进行起泡法排序，如果给定的序列本身是有序的，那么只需要对所有数据进行比较判断，即可得到一个最好的时间复杂度；如果这组数据是逆序的，则所有数据每比较一次，就要产生一次交换，这样就会得到一个最坏的时间复杂度。

【例 1.10】 设计一个算法，求含 n 个整数元素的序列中前 i 个元素的最大值，并分析算法的平均时间复杂度。

对应算法如下：

```
int fun(int a[],int n,int i)
{
    int j,max=a[0];
    s=0;
    for (j=0;j<=i-1;j++)
      if(a[j]>max)
        max=a[j];
    return max;
}
```

分析算法可知，i 的取值范围为 $1 \sim n$；对于求前 i 个元素的最大值时，需要元素比较 $(i-1)-1+1=i-1$ 次。在等概率的情况下：

$$T(n)=\sum_{i=1}^{n}\frac{1}{n}*(i-1)=\frac{1}{n}\sum_{i=1}^{n}(i-1)=\frac{n-1}{2}=\mathrm{O}(n)$$

本算法的平均时间复杂度为 $\mathrm{O}(n)$。

3．算法存储空间分析

一个算法的空间复杂度记作 $S(n)$，是指该算法在运行过程中所耗费的辅助存储空间，也是问题规模 n 的函数。如果一个算法所耗费的存储空间与问题规模 n 无关，记作 $S(n)=\mathrm{O}(1)$。

算法所耗费的存储空间包括算法本身所占用的存储空间、算法输入／输出所占用的存储空间和算法在运行过程中临时占用的辅助存储空间。算法输入／输出所占用的存储空间由算法解决的问题规模所决定，不随算法的改变而改变；算法本身所占用的存储空间与实现算法的程序代码长度有关，代码越长，占用的存储空间越大；算法在运行过程中临时占用的辅助存储空间随算法的不同而不同，有的算法不随问题规模的大小改变，而有的算法占用的辅助存储空间与解决问题的规模 n 有关，随 n 的增大而增大。例如，起泡排序算法在运行过程中临时占用的工作单元数与解决问题的规模 n 无关，即空间复杂度为 $\mathrm{O}(1)$。

1.2.3　数据结构＋算法＝程序

N. Wirth 的"数据结构＋算法＝程序"公式对计算机科学的影响程度足以媲美物理学中爱因斯坦的质能公式 $E=mc^2$——一个公式展示出了程序的本质。

程序设计是必须认真规划的系统工程，从数据结构的设计到算法的设计，都应在可行性的基础上充分考虑其效率、扩展、异常和可维护性等。

1.3　案例问题解决

1.3.1　1787 年高斯算法——比较算法优劣

【算法思路】

1787 年，高斯的小伙伴们通过累加求解 $1 \sim 100$ 的和，而高斯通过公式（即 sum $=(1+100)*100/2$ 进行求解，因此能在较短的时间内求出结果。

【源程序】

```
void main()
{
    int sum=0;                              //高斯的算法
```

```
    sum=(1+100)*100/2;
    cout<<sum<<endl ;
    sum=0;                        // 其他小伙伴的算法
    for(int i=1;i<=100;i++)
        sum+=i;
    cout<<sum<<endl;
}
```

比较两个算法可知，高斯算法的时间复杂度为 O(1)，而其他小伙伴算法的时间复杂度为 O(n)。

1.3.2 2014 年高斯算法——比较结构优劣

【算法思路】

对于无序的 100 个数，定义 100 个变量是不现实的，直接累加也很麻烦。采用数组这种数据结构，利用循环来实现，问题就变简单了。

【源程序】

```
void main()
{
    const int N=100
    int a[N]={12,23,34,45,56,76,34,23,67……},sum=0;
    for(int i=0;i<N;i++)
        sum+=a[i];
    cout<<sum<<endl;
}
```

虽然此处高斯算法的时间复杂度为 O(n)，而其他同学直接累加的时间复杂度为 O(1)，但采用数组的循环编写程序比用直接累加 100 个变量或用计算器累加 100 个常数要方便得多。更重要的是，前者比后者降低了数据与程序的耦合度，从而更容易理解和维护。

1.4 知识与技能扩展

1. ACM 程序设计大赛

ACM 程序设计大赛是大学级别最高的脑力竞赛，素来被冠以"程序设计中的奥林匹克"之称。大赛自 1970 年开始，至今已有 40 多年历史，是世界范围内历史最悠久、规模最大的程序设计竞赛。比赛形式是：经过校级和地区级选拔的参赛组，于指定的时间、地点参加世界级决赛；由 3 个成员组成的小组应用一台计算机解决 6~8 个生活中的实际问题，参赛队员必须在 5 个小时内编完程序，并进行测试和调试。大赛对参赛学生的逻辑分析能力、策略制定能力等方面均具有极大的挑战性。大赛提倡在压力较大的情况下培养学生的创造力、团队合作精神，从而挑选和发掘世界上最优秀的程序设计人才。

2010 年 2 月 5 日，哈尔滨工程大学承办了 ACM-ICPC 全球总决赛。来自世界 33 个国家和地区的 103 个编程小组共 300 多名大学生计算机编程高手参赛。上海交通大学最终获得了全球总决赛第一名，莫斯科国立大学和台湾大学分获亚、季军，清华大学、中山大学和复旦大学均榜上有名。有美国人评论说：前十名几乎被中国人和俄罗斯人包揽了。

2．《计算机程序设计艺术》

高德纳（Don E. Knuth）所著的《计算机程序设计艺术》被称为程序设计中的圣经。像 KMP 这样令人不可思议的算法，在此书中比比皆是。难怪连 Bill Gates 都说："如果能做对书里所有的习题，就直接来微软上班吧！"

对于 Don E. Knuth 本人，一生中获得的奖项和荣誉不计其数，包括图灵奖、美国国家科学金奖、美国数学学会斯蒂尔奖（AMS Steel Prize）以及因发明先进技术荣获的极受尊重的京都奖（Kyoto Prize）等。他写过 19 部书和 160 余篇论文，每一篇著作都能用"影响深远"来形容。Don E. Knuth 也被公认是美国最聪明的人之一。当年他上大学时，常编写各种各样的编译器来挣钱，各类编程比赛，只要他参加，总是第一名。他同时也是世上少有的连续编程 40 多年的程序员之一。他除了是科学与技术上的泰斗之外，更是无可非议的写作高手，其撰写的技术文章堪称一绝，文风细腻，讲解透彻，思路清晰，而且没有学究气。

课 后 习 题

一、单项选择题

1. 数据结构是指（　　）。

A. 数据元素的组织形式　　　　　　　　B. 数据类型

C. 数据存储结构　　　　　　　　　　　D. 数据定义

2. 数据在计算机存储器内表示时，物理地址与逻辑地址不相同的称为（　　）。

A. 存储结构　　　　　　　　　　　　　B. 逻辑结构

C. 链式存储结构　　　　　　　　　　　D. 顺序存储结构

3. 树形结构是指数据元素之间存在一种（　　）。

A. 一对一关系　　　　　　　　　　　　B. 多对多关系

C. 多对一关系　　　　　　　　　　　　D. 一对多关系

4. 设语句 "x++;" 的执行时间是单位时间，则以下语句的时间复杂度为（　　）。

for(i=1; i<=n; i++)

```
for(j=i; j<=n; j++)
    x++;
```

    A. O(1)　　　　　　B. O(n^2)　　　　　　C. O(n)　　　　　　D. O(n^3)

5. 数据在计算机内有链式和顺序两种存储方式。从存储空间使用的灵活性上考虑，链式存储的灵活性比顺序存储要（　　　　）。

    A. 低　　　　　　　B. 高　　　　　　　C. 相同　　　　　　D. 不好说

二、填空题

1. 数据结构按逻辑结构可分为两大类，分别是_____和_____。

2. 数据的逻辑结构有 4 种基本形态，分别是_____、_____、_____和_____。

3. 一个算法的效率可用_____复杂度和_____复杂度衡量。

三、求下列程序段的时间复杂度

1.
```
x=0;
for(i=1;i<n;i++)
    for(j=i+1;j<=n;j++)
        x++;
```

2.
```
x=0;
for(i=1;i<n;i++)
    for(j=1;j<=n-i;j++)
        x++;
```

3.
```
int i,j,k;
for(i=0;i<n;i++)
    for(j=0;j<=n;j++)
    { c[i][j]=0;
        for(k=0;k<n;k++)
        c[i][j]=a[i][k]*b[k][j]
    }
```

4.
```
i=n-1;
while((i>=0)&&A[i]!=k))
    j--;
return (i);
```

上 机 实 战

1. 编写一个程序，计算任意输入的正整数的各位数字之和，并分析算法的时间复杂度。

2. 编写一个程序，打印九九乘法表，并分析算法的时间复杂度。

课堂微博：

第**2**章

线性表

开场白

假设有一个特工培训班,每个同学分配了一个很酷的特工编号,如007。老师是特工头,其手中有一个名册,名册中大家的信息是按顺序排列的,且每个记录都对应唯一的一个前驱(第一位除外),也对应唯一的一个后继(最后一个除外),我们称这种逻辑结构为线性表。注意,这种逻辑结构是针对记录和记录之间的对应关系而言的,而不是针对实际教室里的物理顺序而言的。

这个特工班的人员不是很多,大家每天在一起生活学习。当然,他们的特工编号可以按照座位在教室里的物理顺序编排,如将第一组第一位特工的编号设为001。这样,每次上课点名、查询都很方便,名册上的特工编号与其物理顺序是一致的,我们将这种物理结构称为顺序结构。但麻烦的是,如果要在这种结构中新添加一个特工学生,如将其添加到第一个位置,那么后面的所有特工都要往后挪。也就是说,在这种结构中定位很方便,但添加和删除操作较麻烦。

三年以后,特工们毕业了,和其他学校毕业的特工一样,被派往全国甚至世界各地从事特工工作。这时特工头想给本班特工下达一个任务,就很难像在学校期间那样把大家分配在一间教室里进行讨论了。为了安全,不管身在何处,特工之间都是通过电话单线联系,且无来电显示。特工头手里只有001的电话号码,001手里只有002的电话号码……这样,即使某一特工出了问题,也不会暴露他的上级。另外,如果有特工叛变,先把其下线的号码告诉给其上线,然后将之清理掉即可。我们称这样的物理结构为链式结构,而且这是单向链式结构。在这种结构中,进行添加和删除操作非常方便。如果每个特工都有来电显示或拥有其上线的电话,那就是双向链式结构。不管是单向还是双向,无论他们身处何地,分配任务时仍可以按线性方式进行。

总结一下,特工头手中的名册表是个线性表(逻辑结构),培训期间特工们的组织结构是顺序表(物理结构),毕业后通过手机号码联系的方式则是链表(物理结构)。

2.1　案例提出——约瑟夫与海盗

【案例描述】

从前，有 15 个教徒和 15 个异教徒在深海上遇险，他们逃到一个岛上。没想到，祸不单行，又被海盗抓住。残忍并且好赌的海盗头领决定要将一半的人投入海中，并且想了一个办法来决定每个人的生死：将 30 个人围成 1 个圆圈，从第一个人开始依次报数，每数到 9，这个人就将被扔入大海，如此循环，直到剩余 15 个人为止。教徒的领队约瑟夫（Josephus）是个见多识广的智者，他想了一个好办法，让教徒们站在特定的位置上，这样使得 15 名教徒最后全都生存下来。请问怎样的排法才能使每次投入大海的都是异教徒？

【案例说明】

本故事中涉及的问题可用多种数据结构来解决，但比较简单和自然的方法是利用线性表中的循环链表来解决。当然，也可以用线性表中的顺序表或循环队列来实现。本章将分别用顺序表和循环链表实现。

【案例目的】

引导学习者逐步掌握用线性表的两种存储结构来解决问题的方法，提高学习者用算法解决线性表相关问题的能力。

【数据结构分析】

线性表是最简单也是最常用的一种数据结构。线性表的例子不胜枚举，例如，英文字母表（A,B,…,Z）是一个线性表，表中的每一个英文字母是一个数据元素；又如，学生成绩表也是一个线性表，表中的每一行是一个数据元素，每个数据元素又是由学号、姓名、成绩等数据项组成的。

线性表也是计算机程序设计活动中最常遇到的一种操作对象。利用线性表，可以对特性相同的线性集合实施添加、删除、查找等基本操作。

本章介绍线性表的定义、线性表的顺序存储结构和链式存储结构以及相关算法的实现。

2.2　知识点学习

最简单、最常用的数据结构是线性结构，其特点是在数据元素的非空有限序列中，除了第一个元素之外，所有结点都只有一个前驱；除了最后一个元素之外，所有结点都只有一个后继。

2.2.1　线性表

线性表是具有相同特性的数据元素的一个有限序列，该序列中所含元素的个数称作线性的长度，用 n 表示，$n \geqslant 0$。长度为 0 的线性表是一个空表，即表中不包含任何元素。在非空线性表中，每个数据元素都有确定的位置，如 a_1 是第一个元素，a_n 是最后一个元素，a_i 是第 i 个元素，i 称为数据元素在线性表中的位序（$1 \leqslant i \leqslant n$），线性表的一般表示如下：

$$(a_1, a_2, \ldots, a_{i-1}, a_i, a_{i+1}, \ldots, a_n)$$

表中相邻元素之间存在序偶关系，即 $<a_{i-1}, a_i>$（$2 \leqslant i \leqslant n$），其中，$a_{i-1}$ 称为 a_i 的前驱，a_i 称为 a_{i-1} 的后继。这种位置上的有序性就是一种线性关系，所以线性表是一个线性结构，用二元组表示如下：

```
线性表 L=(K,R)
其中：
K={a_i|1 ≤ i ≤ n,n ≥ 0} //a_i 属于 ElemType 类型 ,ElemType 是 C++ 的类型标识
R={r}
r={< a_i, a_{i+1}>|1 ≤ i ≤ n-1}
```

对应的逻辑图如图 2.1 所示。

$$a_1 \to a_2 \to \ldots \to a_i \to a_{i+1} \to \ldots \to a_n$$

图 2.1　线性表的逻辑结构

线性表中的元素可以是任何类型，但必须是相同类型。例如，学生点名册可以看成是一个线性表，表中数据元素的类型为结构体类型。

线性表的抽象数据类型描述如下：

```
ADT List
{
数据对象：
 D={a_i|1 ≤ i ≤ n,n ≥ 0} //a_i 属于 ElemType 类型，ElemType 是 C++ 的类型标识
数据关系：
 R1={< a_i, a_{i+1}>| a_i, a_{i+1} ∈ D,i=1,…, n-1}
基本运算：
 InitList(&L);           //初始化线性表：构造一个空的线性表 L
 DestroyList (&L);       //销毁线性表：释放线性表 L 占用的内存空间
 ListEmpty(L);           //判断线性表是否为空表：若 L 为空表，则返回真，否则返回假
 ListLength(L);          //求线性表的长度：返回 L 中元素的个数
 DispList(L);            //输出线性表：当线性表 L 不为空时，顺序显示 L 中各结点的值域
 GetElem(L,i,&e);        //求线性表中某个数据元素值：用 e 返回 L 中第 i(1 ≤ i ≤ ListLength(L))
                         //个元素值
 LocateElem(L,e);        //按元素值查找：返回 L 中第一个值域与 e 相等的位序。若这样的
                         //元素不存在，则返回值为 0
 ListInsert(&L,i,e);     //插入数据元素：在 L 的第（1 ≤ i ≤ ListLength(L)+1）个元素之前
                         //插入新的元素 e，L 的长度增 1
```

ListDelete(&L,i,&e)；　　　　　// 删除数据元素：删除 L 的第 i（1 ≤ i ≤ ListLength(L)）个元素，
　　　　　　　　　　　　　　　// 并用 e 返回其值，L 的长度减 1

2.2.2　线性表的顺序存储结构

顺序表是线性表的顺序存储结构，是线性表最常用的存储方式。本节讨论顺序存储结构及其基本运算的实现过程。

2.2.2.1　顺序存储结构

线性表的顺序存储结构是用连续的存储单元依次存储线性表的数据元素。这样，在顺序存储结构中逻辑相邻的两个元素在物理位置上也相邻，元素之间的逻辑关系是通过下标反映出来的。

假定线性表的元素类型为 ElemType，则每个元素所占用存储空间大小（即字节数）为 sizeof(ElemType)，整个线性表所占用存储空间的大小为 $n*sizeof(ElemType)$，其中 n 表示线性表的长度。

在 C++ 语言中，定义一个数组就分配了一块可供用户使用的存储空间，该存储空间的起始位置是由数组名表示的地址常量。所以，线性表的顺序存储结构是利用数组来实现的，数组的基本类型就是线性表中元素的类型，数组的大小要大于等于线性表的长度。假设用具有 ElemType 类型的数组 data[MaxSize] 存储线性表 $L=(a_1,a_2,\cdots,a_i,a_{i+1},\cdots,a_n)$，表中开始结点 a_1 的存储地址为 $Loc(a_1)$，则第 i（$1 \leq i \leq n$）个数据元素的存储地址为 $Loc(a_i)=Loc(a_1)+(i-1)*c$，其中，$Loc(a_1)$ 称为顺序表的起始位置或基地址，c 为 sizeof(ElemType)，MaxSize 代表线性表的最大长度。若把 MaxSize 定义为 50：

```
#define MaxSize 50
```

则表 L 所对应的顺序存储结构如图 2.2 所示。

图 2.2　顺序表

一维数组可以用来描述线性表的顺序存储结构，但是考虑到顺序表长度的变化情况，所以通常将一维数组和顺序表的长度封装成一个结构体来描述顺序表。假定数组用 data[MaxSize] 表示，长度整型变量用 length 表示，则线性表的顺序存储类型可描述如下：

```
Typedef int ElemType;              // ElemType 为顺序表元素的类型
typedef struct
{
    ElemType data[MaxSize];        // 存放顺序表元素
    int length;                    // 存放顺序表的实际长度
}SqList;                           // 顺序表的类型定义
SqList L;                          // 定义顺序表 L，一般定义在 main() 函数中
```

2.2.2.2　顺序表基本运算的实现

一旦采用顺序表存储结构，就可以用 C++ 语言实现线性表的各种基本运算。在后面的算法中，成员 data[MaxSize] 数组的下标是从 0 开始的，而顺序表元素位序是从 1 开始的，因此要注意它们之间的转换。

（1）初始化线性表 InitList(&L)

初始条件：线性表 L 不存在。

运算结果：构造一个空的顺序表 L。

算法思路：将 length 域设置为 0。

```
void InitList(SqList &L)
{
    L.length=0;
}
```

本算法的时间复杂度为 O(1)。

头脑风暴：约瑟夫问题中要将 30 个人的编号存放到顺序表中，应当如何处理初始化程序？

（2）销毁线性表 DestroyList(&L)

初始条件：线性表 L 存在。

运算结果：释放顺序表 L 占用的内存空间。

```
void DestroyList(SqList &L)
{
    delete L;
}
```

本算法的时间复杂度为 O(1)。

（3）判断线性表是否为空表 ListEmpty(L)

初始条件：线性表 L 存在。

运算结果：返回一个值，表示 L 是否为空表。若 L 为空表，则返回 1；否则返回 0。

```
int ListEmpty(SqList L)
{
    return(L.length==0);
}
```

本算法的时间复杂度为 O(1)。

（4）求线性表的长度 ListLength(L)

初始条件：线性表 L 已经存在。

运算结果：返回顺序表 L 的长度（length 域的值）。

```
int ListLength (SqList L)
{
    return L.length;
}
```

本算法的时间复杂度为 O(1)。

（5）输出线性表 DispList(L)

初始条件：线性表 L 存在。

运算结果：当顺序表 L 不为空时，顺序显示 L 中各元素的值。

```
void DispList(SqList L)
{
    int i;
    if(ListEmpty(L)) return;
    for(i=0;i<L.length;i++)
        cout<<L.data[i];
    cout<<endl;
}
```

本算法中基本运算为 for 循环中的输出语句，时间复杂度为 O(L->length)。

（6）求线性表中某个数据元素值 GetElem(L,i,e)

初始条件：线性表 L 存在，且 $1 \leqslant i \leqslant$ ListLength(L)

运算结果：返回顺序表 L 中第 i 个元素的值。

```
int GetElem(SqList L,int i,ElemType &e)
```

```
{
if(i<1|| i>L.length)
  return 0;
e=L.data[i-1];
return 1;
}
```

本算法的时间复杂度为 O(1)。

（7）按元素值查找 LocateElem(L,e)

初始条件：线性表 L 存在。

运算结果：若顺序表中存在值为 *e* 的数据元素，返回第一个值为 *e* 的元素的位序，若不存在，则返回 0。

算法思路：从顺序表 L 中第一个数据元素开始顺序查找。

```
int LocateElem(SqList L,ElemType e)
{
  int i=0;
    while(i<L.length && L.data[i]!=e) i++;
  if (i>=L.length)
        return 0;
    else
        return i+1;
}
```

本算法中基本运算为 while 循环中的 i++ 语句，故时间复杂度为 O(L->length)。

（8）插入数据元素 ListInsert(&L,i,e)

初始条件：线性表 L 已经存在，且 $1 \leqslant i \leqslant$ ListLength(L)+1。

运算结果：在顺序表 L 的第 *i* 个位置上插入新的元素 *e*，使得原序号为 $i,i+1,\cdots,n$ 的数据元素变为序号 $i+1,i+2,\cdots,n+1$，插入后，顺序表的长度增加 1。

算法思路：如果顺序表已满，或者 *i* 值不正确，则显示相应错误信息；否则将顺序表原来第 *i* 个元素及以后的所有元素都后移一个位置，空出的一个空位置（第 *i* 个元素位置）插入新元素，顺序表长度增加 1。

```
int ListInsert(SqList &L,int i,ElemType e)
{
    int j;
    if(L.length==MaxSize)
        return 0;                    //表满，无法插入
    if(i<1||i>L.length+1)
        return 0;                    //检查插入位置的正确性
```

```
    i--;                                // 将顺序表位序转化为 data 下标
    for(j=L.length;j>i;j--)             // 将 data[i] 及后面元素后移一个位置
        L.data[j]=L.data[j-1];
    L.data[i]=e;
    L.length++;                         // 顺序表长度加 1
    return 1;

}
```

对于本算法来说，元素移动的次数不仅与表长 L.1ength 有关，而且与插入位置 i 有关。当 $i=n+1$ 时，不需要移动元素；当 $i=1$ 时，$a_1\sim a_n$ 都要向后移动一个位置，共需要移动 n 个元素。如果在第 i 个位置上插入一个元素，$a_i\sim a_n$ 都要依次向后移动一个位置，共需要移动 $n-i+1$ 个元素。假设在顺序表的第 i 个位置插入一个元素的概率为 p_i，则平均移动元素的次数为：

$$E_{insert}=\sum_{i=1}^{n+1}p_i(n-i+1)$$

线性表 L 中共有 $n+1$ 个可以插入元素的地方，在等概率（即 $p_i=\frac{1}{n+1}$）的情况下有：

$$E_{insert}=\sum_{i=1}^{n+1}p_i(n-i+1)=\frac{1}{n+1}\sum_{i=1}^{n+1}(n-i+1)=\frac{n}{2}$$

所以在顺序表中进行插入运算时，平均需要移动表中一半的数据元素，插入算法的平均时间复杂度为 O(n)。

（9）删除数据元素 ListDelete(&L,i)

初始条件：线性表 L 存在，且 $1\leqslant i\leqslant$ ListLength(L)。

运算结果：该运算删除顺序表 L 的第 i 个元素，使原序号为 $i+1,i+2,\cdots,n$ 的数据元素变为 $i,i+1,\cdots,n-1$，删除后，线性表的长度减 1。

算法思路：如果 i 值不正确，显示相应错误信息；否则，将线性表第 i 个元素以后的所有元素都向前移动一个位置，这样覆盖了原来的第 i 个元素，达到删除该元素的目的，删除后，顺序表长度减 1。

```
int ListDelete(sqList &L,int i)
{
    int j;
    if(L.length==0) return 0;           // 表空
    if (i<1||i>L.length)                // 检查删除位置的合法性
        return 0;
    i--;                                // 位序转成下标
    for(j=i;j<L.length-1;j++)
        L.data[j]=L.data[j+1];
    L.length--;
    return 1;

}
```

删除算法的时间开销也主要是表中元素的移动，删除顺序表中第 i 个元素时，元素 $a_{i+1} \sim a_n$ 都要依次向前移动一个位置，共移动 $n-i$ 个元素，故平均移动元素的次数为：

$$E_{delete} = \sum_{i=1}^{n} p_i(n-i)$$

在等概率情况下，$p_i = 1/n$，有：

$$E_{delete} = \sum_{i=1}^{n+1} p_i(n-i) = \frac{1}{n} \sum_{i=1}^{n+1}(n-i) = \frac{n}{2}$$

所以删除算法的平均时间复杂度为 O(n)。用顺序表解决约瑟夫问题，其中一个重要环节就是将报数到 9 的人杀掉，此环节事实上就是调用 ListDelete() 函数。

如何利用顺序表来解决约瑟夫问题？我们可参考顺序队列中循环队列的相关算法，即采用求模的形式实现循环报数。

2.2.3　线性表的链式存储结构

顺序表要求用连续的存储单元顺序存储线性表中的各个元素，需要预先估计顺序表的长度，若估计小了，会造成顺序表溢出；若估计大了，势必会造成存储空间的浪费。因此，提出了节省存储空间的链式存储方式——链表。本节讨论链式存储结构及其基本运算的实现过程。

2.2.3.1　单链表及其基本运算

线性表的链式存储中不要求逻辑上相邻的两个数据元素在物理位置上也相邻，它是通过"链"建立起数据元素之间的逻辑关系的。每个存储结点不仅包含所存元素本身的信息（称为数据域），而且包含元素之间逻辑关系的信息，即前驱结点包含后继结点的地址信息，称为指针域。这样通过前驱结点的指针域可以方便地找到后继结点的位置，提高数据查找速度，但是链式存储结构不能随机存取。

链式存储表示的线性表称为链表，链表用一组任意的存储单元来存放线性表中的数据元素，链表中数据元素的逻辑次序和物理次序不一定相同，由于线性表中的每个元素至多只有一个前驱元素和一个后继元素，所以当进行链式存储时，一种最简单也最常用的方法是在每个结点中除包含数据域外，只设置一个指针域，用以指向其后继结点，这样构成的链接表称为线性单向链接表，简称单链表；另一种可以采用的方法是：在每个结点中除包含数据域外，设置两个指针域，分别指向其前驱结点和后继结点，这样构成的链接表称为线性双向链接表，简称双链表。

在单链表中，由于每个结点只包含一个指向后继结点的指针，所以当访问过一个结点后，只能接着访问它的后继结点，而无法访问它的前驱结点。在双向链表中，由于每个结点既包含一个指向后继结点的指针，又包含一个指向前驱结点的指针，所以当访问过一个结点后，既可以依次向后访问每个结点，也可以依次向前访问每个结点。

单链表的存取必须从头指针开始进行，若头指针为空，则表示空链表。有时，在单链表的第一个结点之前增加一个称为头结点的结点，这样就保证了即使是空表，头指针也不为空，使"空表"和"非空表"的处理一致，而且增加头结点后，线性表中的每个数据元素结点都有一个前驱，使插入和删除等算法操作统一。

带头结点的链表如图 2.3 和图 2.4 所示，单链表的头结点指针是 head，双链表的头结点指针是 dhead，分别称它们为 head 单链表和 dhead 双链表。

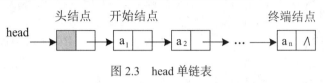

图 2.3　head 单链表

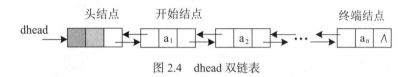

图 2.4　dhead 双链表

在单链表中，假定每个结点的类型用 LiList 表示，它应包括存储元素的数据域（这里用 data 表示）和存储后继元素位置的指针域（这里用 next 表示）。LiList 类型的定义如下：

```
typedef int ElemType;
typedef struct Node
{
    ElemType data;
    struct Node *next;
}LiList;
```

对于双链表，采用类似于单链表的类型定义，其 DLiList 类型的定义如下：

```
typedef int ElemType;
typedef struct DNod           //定义双链表结点类型
{
    ElemType data;
    strcut DNode *prior;      //指向前驱结点
    struct DNode *next;       //指向后继结点
}DLiList;
```

在线性表的链式存储中，逻辑上相邻的元素，其对应的存储位置是通过指针来链接的，因而每个结点的存储位置可以任意安排，不必要求相邻，所以当进行插入或删除操作时，只需修改相关结点的指针域即可，这是既方便又省时的操作。由于链接表的每个结点带有指针域，因而在存储空间上比顺序存储要付出较大的代价。

2.2.3.2　单链表两个重要运算的实现

单链表中，每个结点有一个指针域，指向其后继结点。在进行结点插入和删除时，不能简单地只对该结点进行操作，还必须考虑其前、后的结点。

1．插入结点运算

在单链表中插入新结点，应该先确定插入位置，再修改相应结点的指针（新结点和前驱结点的 next 域的值）。

如果将新结点 *s 插入到结点 *p 之后，需要生成新的结点 *s，设置新结点的数据域为 x，修改指针 s->next 和 p->next 即可。单链表插入结点的过程如图 2.5 所示。

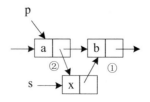

图 2.5　在结点 *p 之后插入 *s

上述指针修改用语句描述如下：

```
s->next=p->next;      //①
p->next=s;            //②
```

注意：两个语句的顺序不能颠倒。否则，当先执行 p->next=s; 语句，指向 b 结点的指针就不存在了，再执行 s->next=p->next; 语句时，相当于执行 s->next=s。

程序算法如下：

```
void Insert(LiList *&p,int x)
{
    Node *s;
    s=new Node( );
    s->data = x;
    s->next = p->next;
    p->next = s;
}
```

头脑风暴：若将 *s 插入到结点 *p 之前，算法程序应该怎么修改？若要在第 i 个结点之前插入结点 *s，算法程序又该怎么修改？

2．删除结点运算

从单链表中删除一个结点，应该先找到被删除结点的前驱，然后修改前驱的 next 即可。

假设 p 指向单链表中的某个结点，如果 *p 是单链表最后一个结点，则直接结束；否则删除 *p 结点的后继结点并释放被删除结点所占用的空间。删除 *p 结点的后继结点的过程如图 2.6 所示。

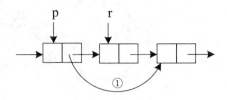

图 2.6　删除 *p 之后的结点

上述指针修改用语句描述如下：

```
p->next=p->next->next;
```

算法程序如下：

```
int Delete(Node *&p)
{
    Node *r;
    if(p->next!=NULL)
    {
        r=p->next;
        p->next = r->next;
        delete r;
        return 1;
    }
    return 0;
}
```

头脑风暴：若将单链表的第 i 个结点删除。首先在单链表中找到第 i-1 个结点，再删除其后的结点。如果要删除 *p 结点，或者要删除单链表中所有值为 x 的结点，算法应该怎样设计？

3．单链表基本运算实现

对于一个已经包含头结点的单链表 L（非指针变量），归纳起来，采用单链表实现线性表基本运算的算法如下。

（1）初始化线性表 InitList(LiList *&L)

单链表的初始化就是建立一个空的单链表，L 本身就是一个头结点，所以只须将头结点的指针域为空。

算法程序如下：

```
void InitList(LiList *&L)
{
    L=new Node();
    L->next=NULL;
}
```

（2）销毁线性表 DestroyList(LiList &L)

销毁单链表就是释放单链表 L 占用的内存空间，即逐一释放全部结点的空间。

算法程序如下：

```
void DestroyList(LiList *&L)
{
    Node *p=L,*q=p->next;
    while(q!=NULL)
    {
    p=q;
    q=p->next;
        delete p;
    }
}
```

（3）判断线性表是否为空表 ListEmpty(LiList L)

算法思想是：如果单链表 L 没有数据结点，返回真；否则返回假。

```
int ListEmpty(LiList *L)
{
 return(L->next==NULL);
}
```

（4）求线性表的长度 ListLength(LiList L)

算法思想是：返回单链表 L 中数据结点的个数。

```
int ListLength(LiList *L)
{
    Node *p=L;
    int i=0;
    while(p->next!=NULL)
    {
```

```
        i++;
        p=p->next;
    }
    return i;
}
```

（5）输出线性表 DispList(LiList L)

算法思想是：逐一显示单链表 L 的每个数据结点的 data 域值（假定 data 域为 int 型值）。

```
void DispList(LiList *L)
{
    Node *p=L->next;
    while(p!=NULL)
    {
        cout<<p->data<<"\t";
        p=p->next;
    }
    cout<<endl;
}
```

（6）数据元素定位 Locate(LiList L,int i)

在单链表 L 中定位第 i 个结点的算法是：如果存在第 i 个数据结点，返回 p；否则返回 NULL。

```
Node *Locate(LiList *L,int i)
{
    int j=0;
    Node *p=L;
    while(j<i&&p->next!=NULL)
    {
        j++;
        p=p->next;
    }
    if(j==i)            // 存在第 i 个数据结点
        return p;       // 成功
    else
        return NULL;
}
```

（7）按元素值定位 LocateElem(LiList L,ElemType e)

在单链表 L 中从头开始找第 1 个值域与 e 相等的结点，若存在这样的结点，则返回 1；否则返回 0。

```
int LocateElem(LiList *L,ElemType e)
{
  Node *p=L->next;
  while(p!=NULL&&p->data!=e)
        p=p->next;
    if(p!=NULL)
        return 1;  // 找到了
    else
        return 0;  // 没找到
}
```

（8）插入数据元素 ListInsert(LiList &L,int i, ElemType e)

在单链表 L 中的第 i 个位置插入数据元素 *s，算法是先在单链表 L 中找到第 i-1 个结点 *p。若存在这样的结点，将值为 e 的结点 *s 插入其后即可。

```
int ListInsert(LiList *&L,int i,ElemType e)
{
    int j=0;
    Node *p=L,*s;
    while(j<i-1&&p!=NULL)
    {
        j++;
        p=p->next;
    }
    if(p==NULL)
        return 0;
    else
    {
        s=new Node();
        s->data=e;
        s->next=p->next;
        p->next=s;
        return 1;
    }
}
```

（9）删除数据元素 ListDelete(LiList L,int i,ElemType &e)

若要删除单链表 L 的第 *i* 个数据元素，算法是先在单链表 L 中找到第 *i*-1 个结点地址 p，若存在这样的结点（p!=NULL），且也存在后继结点（p->next!=NULL），则删除该后继结点。

```
int ListDelete(LiList *&L,int i,ElemType &e)
{
    int j=0;
    Node *p=L,*q;
    while(j<i-1&&p!=NULL)
    {
        j++;
        p=p->next;
    }
    if(p==NULL)
        return 0;
    else
    {
        q=p->next;
        if(q==NULL)
            return 0;
        p->next=q->next;
        e=q->data;
        delete q;
        return 1;
    }
}
```

本算法的时间复杂度为 O(*n*)。

用链表解决约瑟夫问题，其中一个重要环节仍是将报数 9 的人杀掉。此环节调用了 ListDelete() 函数。

4．将数组转为单链表

假设通过一个含有 *n* 个数据的数组来建立单链表。建立单链表的常用方法有头插法和尾插法两种。

（1）头插法建表

头插法建表是从一个空表开始，依次读入数据，生成新结点，然后将新结点插入到头结点和第一个元素结点之间，直到结束为止。

例如，数组元素为（1,2,3,4），头插法建立单链表的过程如图 2.7 所示，因为是在链表的表头上进行插入操作，所以生成的单链表中元素之间的逻辑顺序与数组数据顺序相反。

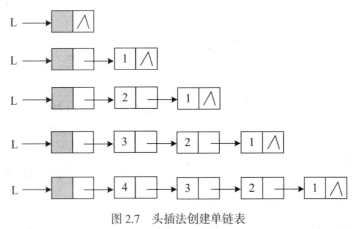

图 2.7　头插法创建单链表

采用头插法建表的算法程序如下：

```
void CreateListF(LiList *&L,ElemType a[],int n)
{
    Node *s;
    int i;
    L->next=NULL;
    for(i=0;i<n;i++)
    {
        s=new LiList( );                  // 创建新结点
        s->data=a[i];
        s->next=L->next;                  // 将 *s 插在原开始结点之前，头结点之后
        L->next=s;
    }
}
```

（2）尾插法建表

头插法建立链表虽然算法简单，但生成的链表中结点的逻辑顺序和原数组元素的顺序相反。如果希望两者次序一致，可采用尾插法建立单链表。尾插法是将新结点插到当前链表的表尾上，所以需要增加一个尾指针 r 指向当前链表的尾结点，以便使新结点插入到链表的尾部。

例如，数组元素为（1,2,3,4），采用尾插法建表的过程如图 2.8 所示。

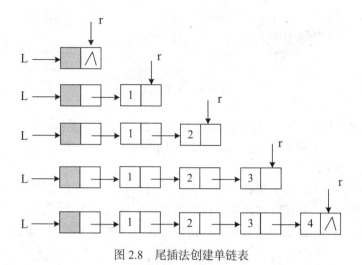

图 2.8 尾插法创建单链表

尾插法建立单链表的算法程序如下：

```
void CreateListR(LiList *&L, ElemType a[],int n)
{
    LiList *s，*r;
    int i;
    r=L;                          //r 始终指向终端结点，开始时指向头结点
    for(i=0;i<n;i++)
    {
            s=new LiList( );          // 创建新结点
            s->data=a[i];
            r->next=s;                //将 *s 插入 *r 之后
            r=s;
    }
    r->next=NULL;                 //终端结点 next 域置为 NULL
}
```

建立单链表的算法，特别是尾插法建表算法，是很多其他复杂算法的基础，读者必须牢固掌握。例如，将两个单链表合并成一个单链表等都是利用尾插法建表算法实现的。

2.2.3.3 循环链表

约瑟夫问题在最后一个人报数后需要再从第一个人接着报数，这就需要用到循环链表。循环链表是另一种形式的链表，其特点是将链表中的最后一个结点和头结点链接起来形成一个环。这样，从链表中的任何一个结点出发都可以找到表中其他的结点。

将单链表的头指针赋给最后一个结点的指针域，就可以构成一个循环单链表，如图 2.9 所示。

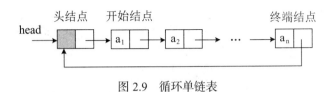

图 2.9　循环单链表

循环链表的操作实现算法与非循环链表的操作实现算法基本相同，只是对表尾的判断做了改变。在循环单链表 head 中，判断指针 p 所指向的结点是否为表尾结点的条件是 p->next 是否等于头指针 head。

如果循环链表中不设置头指针，只设置一个尾指针，那么访问的结点无论是第一个还是最后一个都很方便，在实际应用中，可以使用尾指针代替头指针进行某些操作。假设要将两个循环链表首尾相连，用尾指针标识循环链表可以使操作简化，如图 2.10 所示。

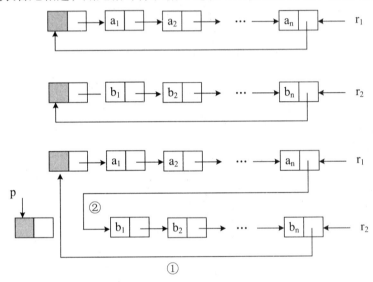

图 2.10　两个循环单链表首尾相连

算法程序如下：

```
void Connect(LiList *&r,LiList *r1,LiList *r2)
{
    Node *p=r2->next;
    r2->next = r1->next;          // 链①
    r1->next = p->next;           // 链②
    delete p;
    r = r2;
}
```

2.2.3.4　双向链表

单链表的结点有一个指向后继结点的指针域，但是若要找某个结点的前驱，则比较麻烦。双向链表是另一种形式的链表，其特点是每个结点都有两个指针域，一个指针域存放其后继结点的存储地址，另一个指针域存放其前驱结点的存储地址；结点的结构如图 2.11 所示。

prior　next

data

图 2.11　双向链表的结点结构

其中，prior 域存放的是其前驱结点的存储地址，next 域存放的是其后继结点的存储地址。例如，p 指向双向链表中的某一个结点，它的前驱结点是 p->prior 指向的，而 p->next 指向其后继结点。双向链表结点的类型描述如下：

```
typedef int ElemType;
typedef struct DblNode
{
    ElemType data;
    struct DblNode *prior,*next;
}DblLiList;
```

在双向链表中，有些操作，如求长度、取元素值和查找元素等操作的算法与单链表中相应算法相同，这里不多讨论。但在单链表中，进行结点插入和删除时只涉及前后结点的一个指针域的变化，而在双向链表中，结点的插入和删除操作涉及前后结点的两个指针域的变化。所以下面分别介绍双向链表的插入和删除操作算法。

假设在双向链表中，在 p 所指的结点之后插入一个 *s 结点，如图 2.12 所示。

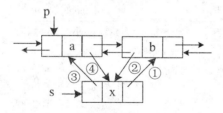

图 2.12　双链表结点的插入

其操作语句描述如下：

```
s->next=p->next;        // 链①
p->next->prior=s;       // 链②
s->prior=p;             // 链③
p->next=s;              // 链④
```

假设删除双向链表 L 中 *p 结点的后继结点 *q，操作如图 2.13 所示。

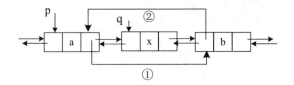

图 2.13 双向链表结点的删除

其操作语句描述如下：

```
p->next=q->next;      // 链①
q->next->prior=p;     // 链②
```

2.2.4 静态链表

静态链表是一个一维数组，每一个数组元素表示一个结点，结点中的游标域（指针域 next）存储下一个结点在数组中的下标。数组中下标为 0 的数据元素可以作为头结点，其指针域存储静态链表的第一个结点的下标。如图 2.14 所示，这种存储结构仍然需要预先分配一个较大空间，但是在进行线性表的插入和删除操作时不需要移动元素，只需要修改"指针"即可。例如，要在数据域为"小乔"的数据元素之后插入一个数据域为"诸葛亮"的结点，操作如图 2.15 所示。为了和指针型描述的线性表相区别，称这种用数组描述的链表为静态链表。

下标	数据域	游标域
0		1
1	张飞	2
2	刘备	3
3	关羽	4
4	小乔	5
5	吕布	6
6	貂婵	0
7		
8		

下标	数据域	游标域
0		1
1	张飞	2
2	刘备	3
3	关羽	4
4	小乔	7
5	吕布	6
6	貂婵	0
7	诸葛亮	5
8		

下标为7的诸葛亮接在了小乔的后面

图 2.14 静态链表示例   图 2.15 静态链表中插入结点操作

2.3 案例问题解决

前面已经介绍了线性表的两种存储结构和相关的算法，现在就用所学知识来解决本章开始故事中有趣的问题。

2.3.1　用顺序表解决约瑟夫问题

【算法思路】

首先定义结构体 SqList，然后利用 CreateList() 创建记录 n 个人编号的顺序表，再创建核心函数 Josephus()，此函数调用结点删除函数 ListDelete()，将报数 m 的人抛入大海。

用顺序表解决约瑟夫问题时，难点在于：当报数总次数等于总人数时，如仍要按规律继续往下报数，应如何从表的末尾回到前端轮回报数。可采用取模的方式来解决。如果用变量 p 记录编号数据的下标，则可通过 p=p++%L.length 的形式来实现循环报数。

【源程序与分析】

```cpp
#include <iostream>
#define MaxSize 50
#define ElemType int
using namespace std;
typedef struct                        //定义顺序表结构体类型
{
    ElemType data[MaxSize];           //存放每个人的编号
    int length;
}SqList;

void CreateList(SqList &L,int n)      //创建顺序表
{
    int i;
    for(i=0;i<n;i++)
        L.data[i]=i+1;                //编号为 1~n L.data[]
    L.length=n;                       //共 n 个人
}

void DispList(SqList L)               //显示顺序表中的记录
{
    cout<<"\n\n 幸存者的位置 :\n";
    for(int i=0;i<L.length;i++)
        cout<<L.data[i]<<"\t";
    cout<<endl;
}
int ListDelete(SqList &L,int i,ElemType &e) //从顺序表中删除所选定的人的编号
{
    int j;
    if(i<1||i>L.length)
        return 0;
```

```
    i--;
    e=L.data[i];
    for(j=i;j<L.length-1;j++)
            L.data[j]=L.data[j+1];
    L.length--;
    return 1;
}
void Josephus(SqList &L,int m,int k)                // 约瑟夫问题实现过程
{
    ElemType e;
    int i,n=0;                                      // 用 n 记录下标，下标从 0 开始
    cout<<" 被杀者的位置 :\n";
    for(i=1;i<=k;i++)                               // 将 k 个人抛入大海
    {
        for(int j=1;j<m;j++)                        // 每报数到 m 时，此人被扔入大海
        {
            n=n%L.length;
            n++;
        }
        ListDelete(L,n+1,e);                        // 位置 = 下标 +1
        cout<<e<<'\t';
    }
}
int main()
{
    SqList sql;
    CreateList(sql,30);                             // 将 30 人的编号存入顺序表
    Josephus(sql,9,15);                             // 每数到第 9 个人就将他扔入大海，如此循环进
                                                    // 行，直到仅余 15 个人为止
    DispList(sql);                                  // 输出剩余的 15 人的位置
    return 0;
}
```

2.3.2 用循环链表解决约瑟夫问题

【算法思路】

比用顺序表更简单、更自然的方法是利用线性表中的循环链表来解决约瑟夫问题。此循环链表具有 30 个结点，且不带头结点。

首先定义结构体 CircleList 循环链表类型，然后通过 CreateList() 创建记录编号的循环

链表。相比顺序表，用循环链表解决约瑟夫问题有两个优势，一是删除记录简单，只需将指针跳过要删除的记录结点，即 pre->next=p->next；二是当报数到最后一个人，且继续往下报时，循环链表可自然地通过其指针 next 指向第一个人。

【源程序与分析】

```
#include "stdafx.h"
#include <iostream>
#define ElemType int
using namespace std;
typedef struct Node                         // 定义循环链表的结点
{
    ElemType data;
    Node *next;
}CircleList;                                 // 定义循环链表


void CreateList(CircleList *&cl,int n)       // 创建循环链表
{
    int i;
    Node *p,*rear;                           //p 总表示当前新结点，rear 指向链表的尾部
    cl=NULL;
    for(i=1;i<=n;i++)                        //n 个人围成一个圆圈
    {
        p=new Node();
        p->data=i;

        if(cl==NULL)                         // 第一个结点（人）
                cl=p;
        else                                 // 其他的结点（人）
                rear->next=p;                // 与前一结点链接起来
        rear=p;                              // 当前链表的尾部
    }
    rear->next=cl;                           // 链表的尾结点的 next 域指向头结点
}
void Display(CircleList *cl)                 // 输出剩余的 15 人
{
    Node *p=cl;
    cout<<"\n\n 幸存者的位置 :\n";
    cout<<p->data<<"\t";                     // 输出第一个的编号
    p=p->next;
```

```
        while(p!=cl)                            // 输出随后的编号
        {
                cout<<p->data<<"\t";
                p=p->next;
        }
        cout<<endl;
}
void Josephus(CircleList *&cl,int m,int k)      // 确定被杀的人的位置，并从循环链表中删除
{
    CircleList *p,*pre,*t;
    p=cl->next;
    while(p!=cl)                                //pre 指向循环链表的最后结点地址
    {
            pre=p;
            p=p->next;
    }
    cout<<"\n 被杀者的位置 :\n";
    for(int i=1;i<=k;i++)                       // 将 k 个人抛入大海
    {
            for(int j=1;j<m;j++)                // 每报数到 m 时，此人被扔入大海
            {pre=p;p=p->next;}
            cout<<p->data<<"\t";
            pre->next=p->next;                  // 从链表中删除该结点
            delete p;                           // 释放内存
            p=pre->next;
    }
}
void main()
{
    CircleList *cl,*p=cl;
    CreateList(cl,30);                          // 创建循环链表，共 30 人围成一个圆圈
    Josephus(cl,9,15);                          // 每数到第 9 个人就将他扔入大海，如此循环进行直到仅余 15 个人为止
    Display(cl);                                // 输出剩余的 15 人的位置
    system("pause");
}
```

程序运行结果如图 2.16 所示。

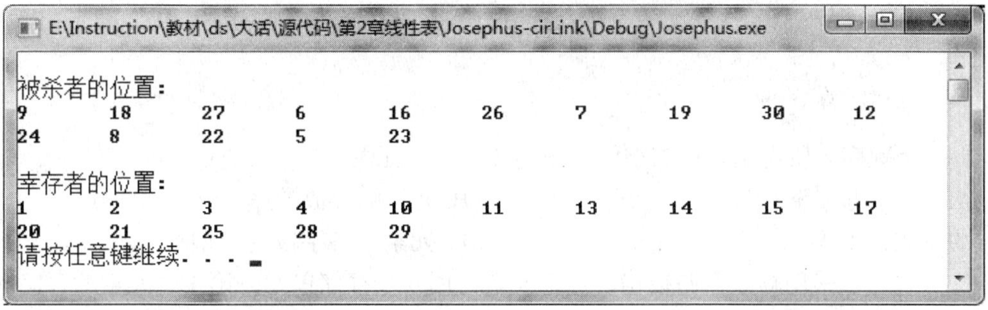

图 2.16　程序运行结果

头脑风暴： 由于本方案是采用不带头结点的循环链表实现的，因而会遇到一些问题。比如，当 m 分别等于 7 和 1 时，本程序会提示错误。仔细思考，这是为什么，如何改进程序？请先尽量理解本算法，在编写程序时尽量脱离书本，使程序完全出自自己的思考。

2.4　知识与技能扩展

在数据结构的学习过程中，有关线性表部分的算法设计主要有以下几方面。

1. 单个线性表操作

单个线性表操作主要是在线性表上插入数据、删除数据、查找数据、求长度、判断线性表是否为空、输出线性表等基本操作，这些是其他算法设计的基础部分，掌握了它们，那么在设计其他数据结构类似的算法时就容易多了。

2. 多个线性表操作

多个线性表操作主要有线性表的合并、求交集等算法。通过对这些算法的分析，在实现它们时，主要还是利用线性表的查找、插入、删除等基本操作。

3. 排序

排序算法有插入排序算法、冒泡排序算法、归并排序算法等。这类算法的解决主要是利用线性表的查找、插入、删除等基本操作。

4. 线性表的延伸

时间有序表、排序表和频率有序表都可以看作是线性表的延伸。如果按照结点到达结构的时间先后来确定结点之间的关系，这样的线性结构称为时间有序表。例如，遇到红灯停下的一长串汽车中，最先到达的为首结点，最后到达的为尾结点；离开时，最先到达的汽车将最先离开，最后到达的汽车将最后离开。这些汽车构成的队列，实际上就是一个时间有序表。栈和队列都是时间有序表。频率有序表是按照结点的使用频率确定它们之间的相互关系，而排序表是根据结点的关键字值确定它们之间的相互关系。

课 后 习 题

一、单项选择题

1. 一个顺序表所占用的存储空间大小与（　　　）无关。

A. 表的长度　　　　　　　　　　　　B. 元素的存放顺序

C. 元素的类型　　　　　　　　　　　D. 元素中各字段的类型

2. 若线性表采用顺序存储结构，每个元素占用 4 个存储单元，第 1 个元素的存储地址为 100，则第 12 个元素的存储地址是（　　　）。

A. 112　　　　　　　B. 144　　　　　　　C. 148　　　　　　　D. 412

3. 一般情况下，链表中所占用的存储单元地址是（　　　）。

A. 无序的　　　　　　B. 连续的　　　　　C. 不连续的　　　　　D. 部分连续的

4. 若 list 是某带头结点的循环链表的头结点指针，则该链表最后的链结点的指针域中存放的是（　　　）。

A. list 的地址　　　　　　　　　　　B. list 的内容

C. list 指的链结点的值　　　　　　　D. 链表第 1 个结点的地址

5. 在非空线性链表中，由 p 所指的链结点后面插入一个由 q 所指的链结点的过程是依次执行（　　　）。

A. q->link=p; p->link=q;　　　　　　B. q->link=p->link;p->link=q;

C. q->link=p->link;p=q;　　　　　　D. p->link=q;q->link=p;

二、填空题

1. 顺序表是一种＿＿＿＿＿＿线性表。

2. 在顺序表的＿＿＿＿＿＿插入一个新的数据元素，不必移动任何元素。

3. 线性表的链式存储结构主要包括＿＿＿＿＿＿、＿＿＿＿＿＿和＿＿＿＿＿＿3 种形式。

4. 删除非空双向链表中由 q 所指的链结点的过程是执行语句＿＿＿＿＿＿和＿＿＿＿＿＿。

5. 在线性链表中，由 q 所指的链结点后面插入一个地址为 p 的新结点的过程是依次执行操作＿＿＿＿＿＿和＿＿＿＿＿＿。

6. 删除由 list 所指的线性链表的第 1 个链结点是执行操作＿＿＿＿＿＿。

上 机 实 战

1. 猴子选大王问题。机会是靠自己创造的，就拿孙悟空来说，他并非天生的大王，他的成功也是自己一步一步努力的结果。传说，当年花果山一堆猴子要选大王，一堆猴子都有编号，分别是 1,2,3,... ,m，这群猴子（m 只）按照 1~m 的顺序围坐一圈，从第 1 只开始报数，每数到第 n 个，该猴子就要离开。这样一直报数，直到圈中剩下最后一只猴子为止，则该猴子就是大王。孙悟空很快就计算出自己应该坐在哪个位置才能当大王，于是他坐到了这个位置上，结果自然当上了大王。请问他应坐在哪个位置上，才能当上大王？（本题要求用带头结点的循环链表解决）

2. 已知线性表的元素按递增顺序排列，并以带头结点的单链表作存储结构。试编写一个删除表中所有值大于 min 且小于 max 的元素（若表中存在这样的元素）的算法。

课堂微博：

第3章

栈和队列

开场白

在香港古惑仔系列电影中,一个很经典的镜头就是一群拿着刀的古惑仔追杀某主角(如陈大春),好不容易追到一个只能进一个人的死胡同,等到这帮古惑仔一个接一个地全都进了胡同后,主角反身撕开上衣,露出捆绑一身的炸药。此时,最先进胡同的古惑仔吓得大喊:"有炸弹,快撤!"

此刻这一队古惑仔撤退的顺序将是怎样的?没错,后进的先出,先进的后出。这个场景正是栈中数据进出的模拟。一次进一人的死胡同就是栈,古惑仔就是存储在栈中的数据。

生活中还有很多类似于栈的操作,它们都有一个共同特点——后进的先出。这里列举一些日常生活中可看到的例子。

- 子弹夹装子弹后射击,子弹的进出过程
- 快餐店一边洗盘子放成一摞,一边拿盘子盛白米饭
- 小区路上堵车后,倒车让路问题
- Word 的删除与恢复操作
- C++ 派生类构造和析构的过程
- 浏览器的历史记录回退
- 一个串的逆串求解

……

相信大家一定可以举出更多、更形象的类似例子。

相比古惑仔,科幻大片更具想象力。由吴宇森指导的好莱坞科幻电影《记忆裂痕》就是其中一个。主角迈克尔·简宁斯是一个极具天赋的电子工程师,受雇于一家专门进行机密研究的高科技公司。他接受了一份协议,即在研究工作完成之后,他将获得8位数的高额酬金,代价是删除工作期间的记忆,以防止资料外泄。当迈克尔删除记忆之后,他得到的却不是事先协商好的高额美元,而是一个装有香烟、剃须膏和手表等20件日常杂物的普通公文纸袋,以及随之而来的公司的追杀。

迈克尔之所以会邮寄这些不值钱的物品给自己,是因为他已经通过工作期间设计的时间机器看到了未来所发生的一切,包括自己的死亡和世界末日。为了改变命运,使自己在记忆消除并出去后能拯救自己和世界,特意将这20件物品根据将来事情发生的时间顺序排列。也就是说,主角将20件物品按时间顺序建立了一个线索队列,每当特定时刻出队一个线索,就会激活一个逻辑,继而引出一个事件,直到最后成功炸掉预测未来机器,改变了自己的命运。

事实上,凡是与排队相关的案例都是队列,它们都有一个共同特点——先进的先出。程序设计中还有很多地方用到队列,如贪吃蛇游戏、进制转换、表达式的计算等。

本章将学习栈和队列这两种结构。

3.1 案例提出——迷宫问题

【案例描述】

迷宫问题是取自心理学的一个经典实验。在该实验中，把一只老鼠放入一个无顶的大盒子中，在盒子中设置了许多墙，对行进方向形成了多处阻挡。盒子仅有一个出口，在出口处放置一块奶酪，吸引老鼠在迷宫中寻找道路以到达出口。对同一只老鼠重复进行上述实验，一直到老鼠从入口走到出口，而不走错一步。经过多次试验，老鼠最终学会走通迷宫的路线。设计一个计算机程序，对任意设定的矩形迷宫（见图 3.1 和图 3.2），求出一条从入口到出口的通路（或得出没有通路的结论）。

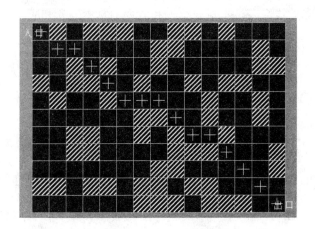

图 3.1　8 个方向的迷宫

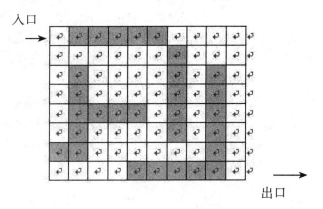

图 3.2　4 个方向的迷宫

【案例说明】

如果允许老鼠斜着走，即每个位置有 8 个方向选择，则效果如图 3.1 所示；如果不允许老鼠斜着走，即只有 4 个方向选择，则效果如图 3.2 所示。这里我们只讨论 4 个方向的情况。

本案例中涉及的问题可用栈和队列两种数据结构来解决。用栈来解决的算法是"深度优先"算法；用队列来解决的算法是"广度优先"算法。广度算法不但能找到一条路径，而且可找到最短的一条路径。

【案例目的】

引导学习者逐步掌握用栈和队列这两种结构来解决问题，提高学习者用算法解决具体问题的能力。

【数据结构分析】

从数据结构的定义看，栈和队列也是一种线性表。其不同之处在于，栈和队列的相关操作具有特殊性，它们只是线性表相关操作的一个子集。更准确地说，一般线性表上的插入、删除操作不受限制，而栈和队列上的插入、删除操作均受某种特殊限制。因此，栈和队列也称做操作受限的线性表。本章介绍栈和队列的基本概念和应用实例。

3.2 知识点学习

3.2.1 栈

栈是一种特殊的线性表，用途十分广泛。将递归算法转换成非递归算法时常常会用到栈，实现二叉树的算法中也会使用栈。

3.2.1.1 栈的定义

栈是一种只能在一端进行插入或删除的线性表。表中允许进行插入、删除操作的一端称为栈顶（top），另一端称为栈底（bottom）。当栈中没有数据元素时，称为空栈。栈的插入操作通常称为进栈或入栈，栈的删除操作通常称为退栈或出栈。

如图 3.3 所示的栈，a_1 称为栈底元素，a_n 称为栈顶元素。由栈的定义可知，栈底元素是第一个入栈，最后一个出栈的元素；而栈顶元素是最后一个入栈，第一个出栈的元素，所以栈的主要特点是"后进先出"，即后入栈的元素先出栈。每次进栈的数据元素都放在当前栈顶元素之前，成为新的栈顶元素，每次出栈的数据元素都是当前栈顶元素。栈也称为后进先出的线性表（LIFO 结构，Last In First Out）。

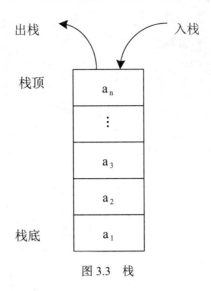

图 3.3　栈

抽象数据类型栈的定义如下：

```
ADT Stack{
{
    数据对象：
    D={a_i | 1≤i≤n，n≥0，a_i 属于 ElemType 类型 }//ElemType 是 C++ 的类型标识符
    数据关系：
    R ={ <a_i,a_{i+1}> | a_i,a_{i+1} ∈ D,i=1,…,n-1}
    基本运算：
    InitStack(&s);                          // 初始化栈：构造一个空栈 s
    StackLength(s);                         // 求栈的长度：返回栈 s 中的元素个数
    StackEmpty(s);                          // 判断栈是否为空：若栈 s 为空，则返回真；否则
返回假
    Push(&s ,e);                            // 进栈：将元素 e 插入到栈 s 中作为栈顶元素
    Pop(&s ,&e);                            // 出栈：从栈 s 中退出栈顶元素，并将其值赋给 e
    GetTop(s ,&e);                          // 取栈顶元素：返回当前的栈顶元素，并将其值
赋给 e
}
```

3.2.1.2　栈的顺序存储结构及其基本运算实现

因为栈是运算受限的线性表，所以栈也包括顺序存储结构和链式存储结构两种，采用顺序存储结构存储的栈称为顺序栈，采用链式存储结构存储的栈称为链栈。顺序栈是用一组地址连续的存储单元依次存放栈中的数据元素。用变量 top 指示栈顶元素在顺序栈中的位置。和顺序表类似，用一维数组描述顺序栈中数据元素的存储区域。一般将数组下标为 0 的一端设置为栈底，栈顶的位置会随着插入、删除操作而变化。可用下列方式来定义栈类型 SqStack：

```
#define MaxSize 100              //最多元素个数
typedef int ElemType;           //数据类型
typedef struct
{
    ElemType data[MaxSize];
    int top;                    //栈顶指针
} SqStack;                      //顺序栈类型定义
```

在顺序栈中，设数组下标为 0 的一端为栈底，则栈空的条件是 top==-1。入栈操作的算法是，先使 top 的值增 1，再把要入栈的元素存放在下标为 top 的数据元素位置上。出栈操作的算法是，先取出栈顶元素，再将 top 的值减 1，指向新的栈顶元素。

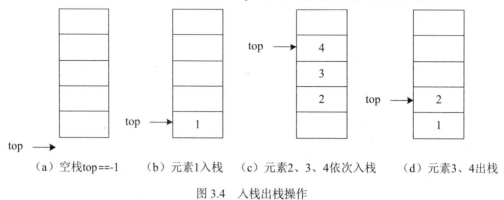

（a）空栈top==-1　　（b）元素1入栈　　（c）元素2、3、4依次入栈　　（d）元素3、4出栈

图 3.4　入栈出栈操作

如图 3.4 所示，（a）表示空栈，此时 top==-1；（b）表示元素 1 入栈，此时 top==0；（c）表示元素 2、3、4 依次入栈，此时 top==3；（d）表示元素 4、3 相继出栈，此时 top==1。

因为栈是动态结构，数组是静态结构，所以在栈的操作过程中会有"溢出"现象。若在栈中有 MAXSIZE 个元素时进行入栈运算，会产生"上溢出"现象；若当栈空时进行出栈运算，会产生"下溢出"现象。为避免溢出现象的发生，在进行入栈、出栈操作前要先判断栈满或栈空。

在顺序栈中，栈的基本运算算法介绍如下。

（1）初始化栈 InitStack(SqStack &s)

初始化栈就是要建立一个新的空栈 s，假设创建了一个空的顺序栈，将栈顶指针赋值为 -1 表示栈中没有数据元素。算法如下：

```
void InitStack(SqStack &s)
{
    s.top = - 1;
}
```

（2）求栈的长度 StackLength(SqStack s)

栈的长度就是栈 s 中的元素个数。因为 top 指针指向栈顶元素在顺序栈中的位置，所以元素个数就是 top 加 1 的结果。算法如下：

```
int stackLength(SqStack s)
{
    return(s.top+1);
}
```

（3）判断栈是否为空 StackEmpty(SqStack s)

栈 s 为空的条件是 s.top==-1。算法如下：

```
int StackEmpty(SqStack s)
{
    return(s.top==-1);
}
```

（4）进栈 Push(SqStack &s,ElemType e)

在栈不满的条件下，先将栈指针增 1，然后在该位置上插入元素 e。算法如下：

```
void Push(SqStack &s,ElemType e)
{
    if (s.top==MaxSize-1)
        cout<<" 栈满！"<<endl;              //栈满的情况，即栈上溢出，不能入栈
    else
    {
        s.top++;
        s.data[s.top]=e;
    }
}
```

（5）出栈 Pop(SqStack &s , ElemType &e)

在栈不为空的条件下，先将栈顶元素赋给 e，同时栈顶指针减 1。算法如下：

```
void Pop(SqStack  &s,ElemType &e)
{
    if (s.top==-1)                        //栈为空的情况，即栈下溢出，不能出栈
        cout<<" 空栈 "<<endl;
    else
    {
        e=s.data[s.top];
        s.top--;
```

```
    }
}
```

（6）取栈顶元素 GetTop(SqStack s,ElemType &e)

在栈不为空的条件下，将栈顶元素赋给 e。算法如下：

```
void GetTop(SqStack s,ElemType *e)
{
    if (s.top==-1)    //栈为空
        cout<<" 栈空，不能读取栈顶元素！ "<<endl;
    else
        e=s.data[s.top];
}
```

3.2.1.3　栈的链式存储结构及其基本运算的实现

链栈就是栈的链式存储，可以采用不带头结点的单链表来实现，所以结点结构和单链表的结点结构相同。链栈的优点是不存在栈满上溢的情况。

在链栈中，栈底是链表的最后一个结点，栈顶是链表的第一个结点。一个链栈可以用栈顶指针 top 指向。规定栈的所有操作都是在单链表的表头进行，如图 3.5 所示是 *top 的链栈，栈中元素自栈顶到栈底依次是 $a_1,a_2,\cdots,a_n$。

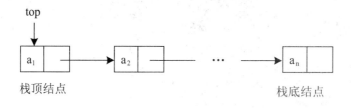

图 3.5　链栈

链栈中数据结点的类型 LiStack 定义如下：

```
typedef int ElemType;
typedef struct Node
{
    ElemType data;
    struct Node *next;
}LiStack;
```

在链栈中，栈的基本运算算法介绍如下。

（1）初始化栈 InitStack(LiStack *&top)

链栈的初始化是创建一个不带头结点的空单链表。设栈顶指针为 top，则空栈

top==NULL。算法如下：

```
void InitStack(LiStack *&top)
{
    top=NULL;
}
```

（2）求栈的长度 StackLength(LiStack *s)

从第一个数据结点开始扫描单链表，用 i 记录访问的数据结点个数，最后返回 i 值。算法如下：

```
int StackLength(LiStack *top)
{
    int i=0;
    Node *p;
    p=top;
    while (p!=NULL)
    {
        i++;
        p=p->next;
    }
    return i ;
}
```

（3）判断栈是否为空 StackEmpty(LiStack *top)

当栈顶指针 top 为 NULL 时，表示是个空栈，即单链表中没有数据结点。算法如下：

```
int StackEmpty(LiStack *top)
{
    return(top==NULL);
}
```

（4）入栈 Push(LiStack *&top,ElemType e)

插入一个元素 e 作为新的栈顶元素，算法是先动态申请一个结点 s 作为存储空间，将元素 e 赋值为 s 的数据域，将 top 的值赋给 s 结点的指针域，最后将栈顶指针 top 指向结点 s。算法如下：

```
void Push(LiStack *&top,ElemType e)
{
```

```
    Node *s;
    s=new Node();
    s->data=e;
    s->next=top;
    top=s;
}
```

（5）出栈 Pop(LiStack *&top,ElemType &e)

在栈不为空的条件下，栈顶元素出栈，先将栈顶元素的值赋给 e，然后将栈顶指针后移，即将 top->next 赋给 top，释放出栈元素的存储空间。算法如下：

```
void Pop(LiStack *&top,ElemType &e)
{
    Node *p=top;
    if(top==NULL)
            cout<<"NULL"<<endl;
    else
    {
            e=top->data;
            top=top->next;
            delete p;
    }
}
```

（6）取栈顶元素 GetTop(LiStack *s,ElemType e)

取栈顶元素和出栈是有区别的，在取栈顶元素时，栈顶指针不发生变化，只取得栈顶元素的值；而出栈需要将栈顶元素结点删除，栈顶指针发生变化。取栈顶元素同样需要判断栈是否为空。算法如下：

```
void GetTop(LiStack *top,ElemType &e)
{
    if (top!=NULL)
            e=top->data;    // 栈顶元素存入 e
    else
            cout<<" 栈空 "<<endl;
}
```

实际应用中，不仅涉及出栈、入栈等运算，还需要对非栈顶元素进行访问，顺序栈能够根据栈顶指针位置快速定位栈的内部元素并访问，所以顺序栈比链栈的应用更广泛。

3.2.1.4 栈的应用举例

本节通过表达式求值的求解过程介绍栈的应用。

（1）问题描述

任何一个表达式都是由操作数、运算符或界限符组成的。在表达式求值问题中的操作数可以是常数、被说明为变量或常量的标识符、表达式；运算符指的是"+"、"-"、"*"、"/"；界限符指的是括号等字符。本节中的表达式求值问题是：对于一个包含"+"、"-"、"*"、"/"、正整数和圆括号的合法数学表达式，计算该表达式的运算结果。

（2）算法思想

在计算机中，表达式有 3 种不同的表示方法：前缀表达式、中缀表达式和后缀表达式。3 种表达方式的不同主要是运算符所在位置不同。最常用的是中缀表达式，其特点是将运算符写在两个操作数中间，如 1+2*3。对中缀表达式的运算既要考虑运算符优先级，又要处理括号。后缀表达式中，运算符在操作数的后面，如 1+2*3 的后缀表达式为 123*+。在后缀表达式中只有操作数和运算符，没有括号，而且已考虑了运算符的优先级，计算过程完全按照运算符出现的先后次序进行，整个计算过程只需要扫描一次表达式就可以完成，在对表达式求值问题上比中缀表达式简单。

在对表达式求值过程中，先将中缀表达式转换成等价的后缀表达式，再对后缀表达式进行求值。

中缀表达式转换成对应的后缀表达式的规则是：把每个运算符都放到它的两个操作数的后面，同时删除所有的括号。例如，中缀表达式为 9+(2+3*4)/5-6，其对应的后缀表达式为 9 2 3 4 * + 5 / + 6 -。

假设将中缀表达式存放在字符型数组 inexp 中，转换后的后缀表达式存入字符串 sufexp 中，还需要设置一个运算符栈 op，用来存放扫描中缀表达式时得到的暂时不能写入后缀表达式中的运算符，等到它的两个操作数都写入后缀表达式之后，再出栈运算符并写入后缀表达式中。

中缀表达式转换为后缀表达式的算法是：对中缀表达式中的每一个字符 ch 依次扫描：

● 如果遇到的是数字，将该字符及其后面连续的数字字符写入 sufexp 中，并添加字符 "#" 标识数值串结束。

● 如果遇到的是 "("，将其入 op 栈。

● 如果遇到的是")"，说明括号内部分已经扫描完毕，需要将栈顶运算符至对应的"("之前的所有运算符依次出栈并写入后缀表达式，将"("直接出 op 栈，不写入后缀表达式。

● 如果遇到的是运算符，当该运算符优先级大于栈顶运算符的优先级时，表明该运算符的后一个操作数还没有被扫描，应该将它暂时压入栈 op 中；当运算符的优先级小于或者等于栈顶运算符的优先级时，表明栈顶运算符的两个操作数已经被扫描并且写入 sufexp 中，应该将栈顶运算符退栈并写入 sufexp 中，对于刚刚扫描的运算符，需要与新的栈顶运算符继续进行比较和处理，一直到该运算符的优先级大于新的栈顶运算符的优先级位置，将其入栈 op。

● 如果中缀表达式扫描完毕，依次将 op 中的所有运算符出栈，并存入数组 sufexp 中，sufexp 即为 inexp 转换得到的后缀表达式。

根据上述原理，中缀表达式转换成后缀表达式的完整源程序如下：

```c
#include "stdafx.h"
#include <iostream>
#define MaxSize 100              // 最多元素个数
using namespace std;
typedef char ElemType;          // 数据类型
typedef struct
{
   ElemType data[MaxSize];
    int top;                    // 栈顶指针
} SqStack;                      // 顺序栈类型定义

void InitStack(SqStack &s)
{
    s.top = -1;
}
int StackLength(SqStack s)
{
 return(s.top+1);
}
int Pre(char op)                // 运算符的优先级比较
{
    int i=0;
    switch(op){
        case '+':
        case '-': i=1;break;
        case '*':
        case '/': i=2;break;
        case '(':
        default : i=0;break;
    }
    return i;
}
void Push(SqStack &s,ElemType e)
{
    if(s.top==MaxSize-1)
       cout<<" 栈满 !"<<endl;
       else
       {
           s.top++;
           s.data[s.top]=e;
```

```
        }
}
void Pop(SqStack &s,ElemType &e)
{
    if (s.top==-1)
        cout<<" 栈空，不能出栈 "<<endl;
        else
        {
            e=s.data[s.top];
            s.top--;
        }
}

void Trans(char *sufexp,char inexp[])
{
    SqStack op;
    char ch;
    int i = 0, j = 0;
    InitStack(op);
    ch=inexp[0];
    while(inexp[i]!='\0')
    {
        switch(inexp[i])
        {
            case'(': Push(op,inexp[i]);i++;break;
            case')': while(op.data[op.top]!='(')
                        {
                            Pop(op,ch);
                            sufexp[j++]=ch;
                        }
                        Pop(op,ch);
                        i++;
                        break;
            case '+':
            case '-':
            case '*':
            case '/':while(Pre(op.data[op.top])>=Pre(inexp[i]))
                        {
                            Pop(op,ch);
                            sufexp[j++]=ch;
```

```
                                        }
                                        Push(op,inexp[i]);
                                        i++;
                                        break;
                        default:sufexp[j++]=inexp[i];
                                        i++;
                        }
                }
        while(op.top!=-1)              //op 栈不空
        {
                Pop(op,ch);
                sufexp[j++]=ch;
        }
        sufexp[j]='\0';
}
void main()
{
        char suffix[MaxSize];
        char exp[]="(3+5-2)/2";
        Trans(suffix,exp);
        for(int i=0;suffix[i]!='\0';i++)
                cout<<suffix[i];
        cout<<endl;
}
```

对后缀表达式求值相对较简单，只需要一个操作数栈，用于存放扫描到的操作数和计算过程中的中间结果以及最终结果。后缀表达式求值的算法是：从左到右扫描后缀表达式中的每一个字符，如果遇到的是数字，需要对该字符及其后面连续的数字字符进行处理，生成一个操作数，并将该操作数压入操作数栈；如果遇到的是运算符，表明它的两个操作数已经在栈中，其中栈顶元素为运算符的后一个操作数，栈顶元素的下一个元素为运算符的前一个操作数，从栈中取出两个操作数进行相应的运算，然后将运算结果压入栈中，直到整个表达式结束，此时操作数栈的栈顶元素的值就是整个表达式的计算结果。

该栈与前面有所不同，其结构如下：

```
typedef float ElemType;          // 数据类型
typedef struct{
    ElemType data[MaxSize];
    int top;                     // 栈顶指针
} SqStack;                       // 顺序栈类型定义
```

头脑风暴：请同学们讨论后缀表达式计算的过程，并编程实现"上机实战"中后缀表达式的运算算法。

3.2.2　队列

队列也具有广泛的应用，特别是在操作系统资源分配和排队论中会大量地使用队列。本节介绍队列的定义、存储结构和应用。

3.2.2.1　队列的定义

队列也是一种运算受限的线性表，它只允许在表的一端进行插入，而在另一端进行删除，所以队列是一种先进先出的线性表（FIFO 结构）。允许插入的一端称做队尾（rear），允许删除的一端称为队头（front）。向队列中插入新元素称为进队或入队，新元素进队后就成为新的队尾元素；从队列中删除元素称为出队或离队，元素出队后，其后继元素就成为队头元素。

如图 3.6 所示为队列 Q=(a,b,c,d) 的示意图，可以看出，队列中的元素是按照 a、b、c、d 的顺序入队列的，a 是队头元素，d 是队尾元素。出队列时也只能按照 a、b、c、d 的顺序进行。队列中元素的个数称为队列的长度，当队列中没有元素时称为空队列。

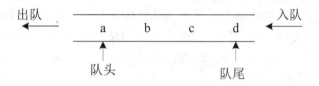

图 3.6　队列出队和入队

队列的运算与栈的运算相似，区别在于插入和删除分别在表的两端进行。队列的抽象数据类型定义如下：

```
ADT Queue
{
  数据对象：
  D={a_i| 1≤i≤n, n≥0, a_i 属于 ElemType 类型 } //ElemType 是 C++ 的类型标识符
  数据关系：
  R_1={<a_i,a_{i+1}>| a_i,a_{i+1} ∈ D,i=1,…,n-1 }
  基本运算：
  InitQueue(&q);        // 初始化队列：构造一个空队列 q
  ClearQueue(&q);       // 销毁队列：释放队列 q 占用的存储空间
  QueueEmpty(q);        // 判断队列是否为空：若队列 q 为空，则返回真；否则返回假
  enQueue(&q,e);        // 入队列：将元素 e 入队作为队尾元素
  deQueue(&q,&e);       // 出队列：从队列 q 中出队一个元素，并将其值赋给 e
```

```
}
```

3.2.2.2 队列的顺序存储结构及其基本运算的实现

队列的顺序存储结构需要使用一个数组和两个整型变量来实现，利用数组顺序存储队列中的所有元素，两个整型变量 front 和 rear 分别存储队头元素和队尾元素的下标位置，分别称为队头指针和队尾指针。

顺序队列类型 SqQueue 的定义如下：

```
#define MaxSize 100
typedef int ElemType;
typedef struct
{  ElemType data[MaxSize];
    int front,rear;        // 队头和队尾指针
}SqQueue;
```

在非空队列中约定队头指针 front 始终指向队头元素，队尾指针 rear 始终指向队尾元素的下一个位置。初始化空队列时，令 front=rear=0，每入队一个元素，尾指针 rear 的值加 1；每出队一个元素，头指针 front 的值加 1。

如图 3.7 所示是一个队列的动态示意图，假设 MaxSize=5，图中箭头 front 表示队头位置，rear 表示队尾位置。图 3.7（a）表示一个空队；图 3.7（b）表示元素 a 入队；图 3.7（c）表示元素 b、c、d 依次入队；图 3.7（d）表示元素 a、b、c 出队及元素 e 入队。

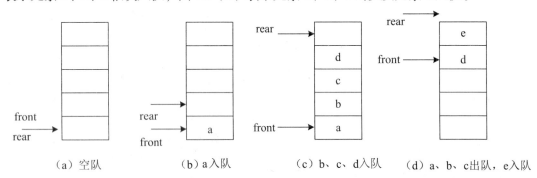

| （a）空队 | （b）a入队 | （c）b、c、d入队 | （d）a、b、c出队，e入队 |

图 3.7　顺序队列操作示意图

从图 3.7 中看出，随着入队、出队的进行，整个队列会整体向后移动到图 3.7（d）所示的状态，队尾指针已经移到了最后，再有元素入队就会出现溢出，但是此时队列中存在可以存放元素的空位置，所以这是一种"假溢出"。

为了能够充分地利用存储空间，解决队列中"假溢出"问题，把顺序队列形成一个环形的顺序表，即把 data[0] 接在 data[MaxSize-1] 之后，这样存储队列元素的数组从逻辑上看成一个环，称为循环队列。如图 3.8 所示，是由图 3.7 所示的队列构造循环队列后所对应的状态，假设 MaxSize=5。

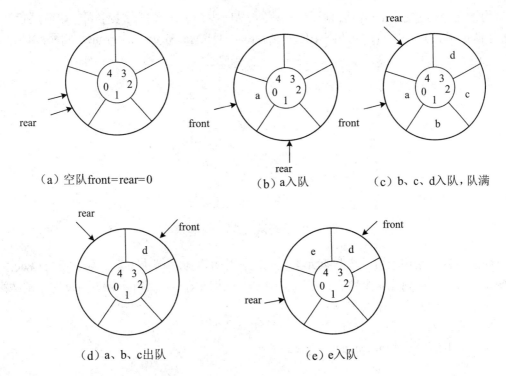

（a）空队front=rear=0　　　　（b）a入队　　　　（c）b、c、d入队，队满

（d）a、b、c出队　　　　　　　　（e）e入队

图 3.8　循环队列解决"假溢出"

在循环队列中，实现了首尾相连，即当队列指针等于 MaxSize-1 后，再前进一个位置就自动到 0，这可以利用除法取余运算（%）来实现。

每插入一个元素，队尾指针沿顺时针方向移动一个位置，即 rear=(rear+1)%MaxSize。同样，每删除一个元素，头指针沿顺时针方向移动一个位置，即 front=(front+1)%MaxSize。这样解决了队列中的"假溢出"现象，所以在实际问题的解决中，循环队列是实用的顺序队列。

循环队列的队头指针和队尾指针初始化时都置 0：front=rear=0，如图 3.7（a）所示。在入队元素和出队元素时，相应指针都按逆时针方向进 1。

循环队列为空的条件是 q->rear==q->front。入队列时，队尾指针循环加 1；出队列时，队头指针加 1。如果入队元素的速度快于出队元素的速度，队尾指针很快就赶上了队头指针，由图 3.9 可以看出，循环队列队满时也有 q->rear==q->front。这样，队列空和满时队头指针都等于队尾指针，所以无法通过 q->rear==q->front 来判断队列是空还是满。

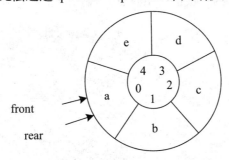

图 3.9　循环队列满和空指针判断冲突

为了区分两者之间的差别，可以采取在入队时少用一个数据元素空间，以队尾指针加1等于队头指针判断队满，即队满条件为 (q->rear+1)%MaxSize==q->front，如图3.10所示。

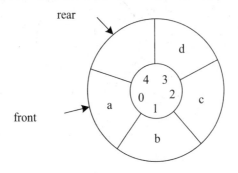

图 3.10　循环队列满的问题解决

头脑风暴：采用浪费一个数据元素空间的方法并非唯一解决方案。我们还可以定义一个变量 n 来记录队列元素个数，元素入队则 n++，出队则 n--，当 n==MaxSize 时，则队满。大家可以尝试用此方法来编程。

在循环队列中，实现队列的基本运算算法介绍如下。

（1）初始化队列 InitQueue(SqQueue &sq)

```
void InitQueue(SqQueue &sq)
{
    sq.front=sq.rear=0;
}
```

（2）判断队列是否为空 QueueEmpty(SqQueue sq)

```
int QueueEmpty(SqQueue sq)
{
    return(sq.front==sq.rear);
}
```

（3）入队列 EnQueue(SqQueue sq,ElemType e)

```
void EnQueue(SqQueue &sq,ElemType e)
{
    if((sq.rear+1)%MaxSize==sq.front)       // 为满
            cout<<"FULL"<<endl;
    else
    {
            sq.data[sq.rear]=e;
            sq.rear=(sq.rear+1)%MaxSize;
```

```
        }
    }
```

（4）出队列 DeQueue(SqQueue &sq,ElemType &e)

在队列 q 不为空的条件下，将队头指针 front 循环增 1，并将该位置的元素值赋给 e。对应算法如下：

```
void DispQueue(SqQueue sq)
{
    if(sq.rear==sq.front)                    // 为空
    {
        cout<<"NULL"<<endl;
        return;
    }
    int i=sq.front;
    while((i+1)%MaxSize!=sq.front&&i!=sq.rear)
    {
        cout<<sq.data[i]<<endl;
        i++;
    }
}
```

3.2.2.3 队列的链式存储结构及其基本运算的实现

队列的链式存储结构是仅在表头删除和表尾插入的单链表，因此一个栈队列需要使用两个指针：指向队头元素的队头指针 front 和指向队尾元素的队尾指针 rear。用于存储队列的单链表简称链队，结构如图 3.11 所示。

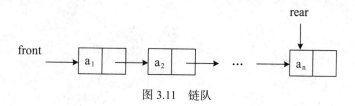

图 3.11 链队

由图 3.11 可以看出，链队为空的条件为 front==rear，此时两个指针均指向头结点。
链队中数据结点的类型 QNode 定义如下：

```
typedef int ElemType;
typedef struct Node{
    ElemType data;
    struct Node *next;
```

```
}QNode;                              // 链队数据结点类型定义
```

链队结点的类型 LiQueue 定义如下：

```
typedef struct
{
    QNode *front;                   // 队头指针
    QNode *rear;                    // 队尾指针
}LiQueue;                           // 链队类型定义
```

图 3.12 说明了一个链队 q 的动态变化过程。图 3.12（a）表示一个空链队；图 3.12（b）表示在链队中入队 1 个元素后的状态；图 3.12（c）表示链队中继续入队 3 个元素后的状态；图 3.12（d）表示出队 1 个元素后的状态。

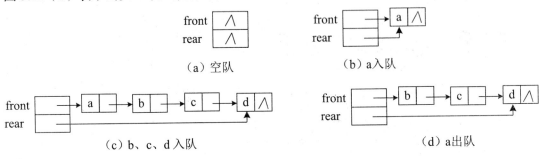

（a）空队　　　　　　　　　　　　（b）a入队

（c）b、c、d入队　　　　　　　　　（d）a出队

图 3.12　一个链队的动态变化过程

在链队存储中，队列的基本运算算法介绍如下。

（1）初始化队列 InitQueue(LiQueue *&Lq)

构造一个空队列，即将头结点的 front 和 rear 域均置为 NULL。算法如下：

```
void InitQueue(LiQueue *&Lq)
{
    Lq=new LiQueue();
    Lq->front=Lq->rear=NULL;
}
```

（2）判断队列是否为空 QueueEmpty(LiQueue *Lq)

若链队结点的 rear 域值为 NULL，表示队列为空，返回 1；否则返回 0。算法如下：

```
int QueueEmpty(LiQueue *Lq)
{
    return (Lq->rear==NULL);
}
```

（3）入队列 EnQueue(LiQueue *&Lq,ElemType e)

插入元素 e 为新的队尾元素，首先创建 data 域为 e 的数据结点 *s，若原队列为空，则将链队结点的两个指针域均指向 *s 结点，否则，将 *s 链到单链表的末尾，并让链队结点的 rear 域指向它。算法如下：

```
void EnQueue(LiQueue *&Lq,ElemType e)
{
    Node *s;
    s=new Node();
    s->data=e;
    s->next=NULL;
    if (Lq->rear==NULL)              // 若原链队为空，新结点是队头结点又是队尾结点
        Lq->front=Lq->rear=s;
    else
    {
        Lq->rear->next=s;           // 将 *s 结点链到队尾，rear 指向它
        Lq->rear=s;
    }
}
```

（4）出队列 DeQueue(LiQueue *&Lq,ElemType &e)

若原队列不为空，删除队头元素，并将队头元素结点的 data 域值赋给 e 返回；若原队列中只有一个结点，则需将链队结点的两个域均置为 NULL，表示队列已为空。算法如下：

```
void DeQueue(LiQueue *&Lq,ElemType &e)
{
    Node *p;
    if (Lq->rear==NULL) return;     // 队列为空
    p=Lq->front;                    // p 指向第一个数据结点
    if (Lq->front==Lq->rear)        // 原链队中只有一个结点时
        Lq->front=Lq->rear=NULL;
    else                            // 原链队中有多个结点时
        Lq->front=Lq->front->next;
    e=p->data;
    delete p;
}
```

头脑风暴：请大家自己完成队列显示函数 void DispQueue(LiQueue *Lq)，并构造主函数，测试入队、出队等函数。

3.2.2.4 队列的应用举例

本节通过报数问题的求解过程介绍队列的应用。

设有 n 个人站成一排，从左向右的编号依次为 $1\sim n$，现在从左往右按"1,2,1,2…"报数，数到 1 的人出列，数到 2 的人立即站到队伍的最右端。报数过程反复进行，直到 n 个人都出列为止。要求给出他们的出列顺序。

例如，当 $n=8$ 时，初始序列为：

  1 2 3 4 5 6 7 8

则出列顺序为：

  1 3 5 7 2 6 4 8

采用的算法思想：先将 n 个人的编号进队，然后反复执行如下操作，直到队列为空。

（1）出队一个元素，输出其编号。

（2）若队列不为空，则再出队一个元素，并将刚出列的元素进队。

在指定人数 n 后，本算法要求队列始终是满的，即队列中不能有空闲的位置，为此采用链队。算法实现如下：

```
void Number(int n)
{
    int i;
    ElemType e;
    LiQueue *q;
    InitQueue(q);
    for(i=1;i<=n;i++)                        // 构建初始序列
        EnQueue(q,i);
     cout<<" 报数出列顺序： "<<endl;
    i=0;
    while(!QueueEmpty(q))
    {
        i++;
        DeQueue(q,e); // 出列一个元素
        if(i%2==1)
            cout<<e<<'\t';                   // 输出元素编号
        else
            EnQueue(q,e);                    // 将刚出列的元素进队
    }
     cout<<endl;
}

void main()
{
```

```
    int n;
    cout<<" 请输入人数 :"<<endl;
    cin>>n;
    Number(n);
}
```

注意： 细心的读者可能已发现，这个问题不正类似第 2 章的约瑟夫问题吗？是的，约瑟夫问题也能利用队列解决，请同学们编写程序，用队列解决约瑟夫问题。

3.3 案例问题解决

3.3.1 用栈来解决迷宫问题

【算法思路】

用栈来解决迷宫问题，本质上是一个深度优先算法（将在第 6 章和第 7 章介绍）。

设置一个数组 maze 来表示迷宫，其中每个元素表示一个方块的状态，为 0 时表示对应方块是通道，为 1 时表示对应方块是墙，不可走。为了算法方便，在迷宫外围设计了一道围墙。这样，在不影响迷宫结构的前提下，原数组中的每个方块都有 4 个方向可判断。

本算法采用顺序栈存储结构，用"穷举求解"的方法，即从入口出发，顺某一方向向前试探，若能走通，则继续往前走；否则原路退回，换一个方向再继续试探，直至所有可能的通路都试探完为止。

为了保证在任何位置上都能沿原路退回（称为回溯），需要用一个后进先出的栈来保存入口到当前位置的路径。

【源程序】

```
#include "stdafx.h"
#include <iostream>
#define MaxSize 50
#define M 8
#define N 8

using namespace std;
int maze[M+2][N+2]={
{1,1,1,1,1,1,1,1,1,1},
{1,0,0,1,0,0,0,1,0,1},
{1,0,0,1,0,0,0,1,0,1},
{1,0,0,0,0,1,1,0,0,1},
{1,0,1,1,1,0,0,0,0,1},
```

```
{1,0,0,0,1,0,0,0,0,1},
{1,0,1,0,0,0,1,0,0,1},
{1,0,1,1,1,0,1,1,0,1},
{1,1,0,0,0,0,0,0,0,1},
{1,1,1,1,1,1,1,1,1,1}
};
typedef struct
{
    int i;        // 当前位置的行号
    int j;        // 当前位置的列号
    int di;       // 下一个可走相邻位置的方向

}ElemType;

typedef struct
{
    ElemType data[MaxSize];
    int top;
}SeqStack;

void InitStack(SeqStack &s)
{
    s.top=-1;
}
int Push(SeqStack &s,ElemType e)
{
    if(s.top==MaxSize-1)
            return 0;
    s.top++;
    s.data[s.top]=e;
    return 1;
}
void DispStack(SeqStack s)
{
    int i;
    for(i=0;i<=s.top;i++)
    {
            if(i%5==0)
                cout<<endl;
            cout<<"("<<s.data[i].i<<","<<s.data[i].j<<")\t";
```

```
    }
    cout<<endl;
}
int Pop(SeqStack &s,ElemType &e)
{
    if(s.top==-1)
            return 0;
    e=s.data[s.top];
    s.top--;
    return 1;
}
int MazePath(SeqStack &s,ElemType start,ElemType end)
{
    ElemType e;
    int x,y,di,find;
    Push(s,start);;
    maze[1][1]=-1;
    while(s.top>-1)
    {
            x=s.data[s.top].i;
            y=s.data[s.top].j;
            di=s.data[s.top].di;
            if(x==end.i&&y==end.j)
                    return 1;
            find=0;
            while(di<4&&find==0)
            {
                    di++;
                    switch(di)
                    {
                    case 0:x=s.data[s.top].i;y=s.data[s.top].j+1;break;// 东
                    case 1:x=s.data[s.top].i+1;y=s.data[s.top].j;break;// 南
                    case 2:x=s.data[s.top].i;y=s.data[s.top].j-1;break;// 西
                    case 3:x=s.data[s.top].i-1;y=s.data[s.top].j;break;// 北
                    }
                    if(maze[x][y]==0)
                    {
                            find=1;
                            //break;
                    }
```

```
            }
            if(find==1)
            {
                        s.data[s.top].di=di;                    //记录这个点的方向
                        e.i=x;
                        e.j=y;
                        e.di=-1;
                        Push(s,e);
                        maze[x][y]=-1;                          //此点已走过
            }
            else
                        Pop(s,e);
        }
    return 0;
}
int main()
{
    SeqStack stack;
    InitStack(stack);
    ElemType start,end;
    start.i=start.j=1;start.di=-1;                  //方向为 -1，++ 后为 0，即为东
    end.i=M;end.j=N;end.di=0;
    if(MazePath(stack,start,end))
            DispStack(stack);
    else
            cout<<"No Path!\n";
    return 0;
}
```

运行结果如图 3.13 所示。

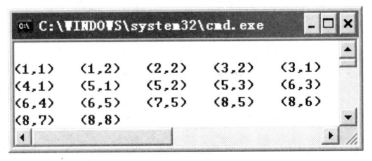

图 3.13　运行结果

【分析】

为了保证试探的可走相邻方块不是已走路径上的方块，如 (i,j) 已进栈，在试探 $(i+1,j)$ 时又试探 (i,j)，可能会引起死循环。为此，在一个方块进栈后，将对应的 maze 数组元素值改为 -1。

这个解不是最优解，即不是最短路径。使用队列求解才可以找出最短路径。

3.3.2 用队列来解决迷宫问题

【算法思路】

用队列解决迷宫问题，本质上是一个广度优先算法。这里不能用循环队列，只能用普通的顺序队列，原因是在找到出口后，程序要根据队列中保存的数据，通过回溯寻找迷宫的路径，而循环队列中的数据在出队和入队操作时被覆盖，普通队列不会将出队元素从队列中真正删除，因为要利用它输出路径。

【源程序】

```cpp
#include <iostream>
#include <stack>
#define N 8
#define MaxSize 50
using namespace std;

int Maze[N+2][N+2]={
{1,1,1,1,1,1,1,1,1,1},
{1,0,0,1,0,0,0,1,0,1},
{1,0,0,1,0,1,0,0,0,1},
{1,0,0,0,0,1,1,0,0,1},
{1,0,1,1,1,0,0,0,0,1},
{1,0,0,0,1,0,0,0,0,1},
{1,0,1,0,0,0,1,0,0,1},
{1,0,1,1,1,0,1,1,0,1},
{1,1,0,0,0,0,0,0,0,1},
{1,1,1,1,1,1,1,1,1,1}
};

typedef struct
{
    int x,y;
    int pre;
}ElemType;
```

```
typedef struct
{
    ElemType data[MaxSize];
    int front,rear;
}SqQueue;

void InitQueue(SqQueue *&q)
{
    q=new SqQueue();
    q->front=q->rear=0;
}
int EnQueue(SqQueue *&q,ElemType e)
{
    if(q->rear==MaxSize-1)
        return 0;
    q->data[q->rear]=e;
    q->rear++;
    return 1;
}

void Display(SqQueue *sq)
{
    stack<int> s;              // 调用系统的 stack 类，参考 3.4 节
    int i;
    i=sq->rear-1;
    while(i!=-1)               // 回溯，从 (M,N) 点开始，根据 pre 将路径上点的下标入栈
    {
        s.push(i);
        i=sq->data[i].pre;
    }

    while(!s.empty())          // 出栈，从 (1,1) 开始打印路径上各点的坐标 x,y
    {
        i=s.top();
        s.pop();
        cout<<"("<<sq->data[i].x<<","<<sq->data[i].y<<") pre:"<<sq->data[i].pre<<endl;
    }
}
int DeQueue(SqQueue *&q,ElemType &e)
{
```

```
        if(q->front==q->rear)
            return 0;
    e=q->data[q->front];
    q->front++;
    return 1;
}
bool MazePath(SqQueue *&qu,ElemType start,ElemType end)
{
    int i,j,di,pre;
    ElemType e,t;
    EnQueue(qu,start);
    Maze[start.x][start.y]=-1;
    while(qu->front!=qu->rear)
    {
            pre=qu->front;
            DeQueue(qu,e);
            for(di=0;di<4;di++)
            {
                    switch(di)
                    {
                            case 0:i=e.x;j=e.y+1;break;
                            case 1:i=e.x+1;j=e.y;break;
                            case 2:i=e.x;j=e.y-1;break;
                            case 3:i=e.x-1;j=e.y;break;
                    }
                    if(Maze[i][j]==0)
                    {
                            t.x=i;
                            t.y=j;
                            t.pre=pre;
                            EnQueue(qu,t);
                            Maze[i][j]=-1;
                            if(i==end.x&&j==end.y)
                                    return true;
                    }
            }

    }
    return false;
}
```

```
int main()
{
    SqQueue *sq;
    ElemType start,end;           // 定义起点和终点
    InitQueue(sq);                // 初始化队列
    start.x=start.y=1;            // 初始化起点
    start.pre=-1;
    end.x=end.y=N;                // 初始化终点
    if(MazePath(sq,start,end))
            Display(sq);
    else
            cout<<"\nNo Path!\n";
    return 0;
}
```

运行结果如图 3.14 所示。

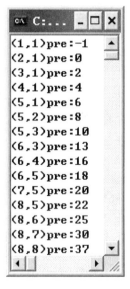

图 3.14　运行结果

【分析】

搜索从 (1,1) 到 (M-2,N-2) 路径的过程：首先将 (1,1) 入队，在队列 Qu 不为空时循环，出队 1 次（由于不是循环队列，该出队元素仍在队列中），称该出队的方块为当前方块，front 为该方块在 Qu 中的下标。如果当前方块是出口，则输出路径并结束；否则，按顺时针方向找出当前方块的 4 个方位中可走的相邻方块（对应的 maze 数组值为 0），将这些可走的相邻方块均插入到队列 Qu 中，其 pre 设置为本搜索路径中上一方块在 Qu 中的下标值，也就是当前方块的 front 值，并将相邻方块对应的 maze 数组值置为 -1，以避免回过来重复搜索。若此队列为空，表示未找到出口，即不存在路径。

实际上，本算法的思想是从 (1,1) 开始，利用队列的特点，一层一层向外扩展可走的点，直到找到出口为止，这个方法就是将在后面章节中介绍的广度优先搜索方法。

显然，这个解是最优解，即最短路径。

头脑风暴：除了用栈的回溯法打印迷宫路径外，还可采用标记法。即从队列的 end 点开始，借助 pre 域定位其父结点后，将其本身的 pre 域修改为 -2。这样，当程序找到 start 点时，只需从前往后打印数组中 pre 为 -2 的结点坐标即可。请大家尝试用这种方法编程实现。

3.4　知识与技能扩展

在 C++ 实际应用中，可以不用定义栈和队列的结构，因为系统提供了可直接调用的 stack 和 queue 类的资源。

1.C++ 的 stack 类

（1）语法

stack 类是 C++ 为程序员提供了一个栈的功能的容器适配器，即一个 LIFO（后入先出）的数据结构。在头文件 <stack> 中定义。

（2）成员函数

- empty()：判断队列空，当队列空时，返回 true。
- clear()：从 stack 中移除所有对象。
- top()：返回位于 stack 顶部的对象。
- size()：访问队列中的元素个数。
- push()：会将一个元素置入 stack 中。
- pop()：会从 stack 中移除一个元素。

注意：top() 返回位于 stack 顶部的对象，但不将其移除。

2.C++ 的 queue 类

（1）语法

queue 类是 C++ 为程序员提供的一个队列的功能的容器适配器，即一个 FIFO（先入先出）的数据结构，在头文件 <queue> 中定义。

（2）成员函数

- empty()：判断队列是否为空，当队列空时，返回 true。
- size()：访问队列中的元素个数。
- push()：会将一个元素置入 queue 中。
- front()：会返回 queue 内的下一个元素（也就是第一个被置入的元素）。
- back()：会返回 queue 中最后一个元素（也就是最后被插入的元素）。
- pop()：会从 queue 中移除一个元素。

注意：pop() 虽然会移除下一个元素，但是并不返回它，front() 和 back() 返回下一个元素，但并不移除该元素。

我们可以通过调用 stack 和 queue 类中的方法实现各种操作，有兴趣的同学可借用这两个类的资源重新实现前面的案例程序，你将发现编写的程序会简化很多。

课 后 习 题

一、单项选择题

1. 栈和队列都是（　　　）。

A. 限制存取位置的线性结构　　　　　　B. 顺序存储的线性结构

C. 链式存储的线性结构　　　　　　　　D. 限制存取位置的非线性结构

2. 队和栈的主要区别是（　　　）。

A. 逻辑结构不同　　　　　　　　　　　B. 存储结构不同

C. 所包含的运算个数不同　　　　　　　D. 限定插入和删除的位置不同

3. 下列说法不正确的是（　　　）。

A. 栈是一种受限的线性结构

B. 栈是一种后进先出的线性结构

C. 栈可以是线性结构，也可以是非线性结构

D. 栈可以用数组或链表来实现

4. 5 节车厢以编号 1，2，3，4，5 的顺序进入铁路调度站（栈），则可得到（　　　）编组。

A. 34512　　　　B. 24135　　　　　C. 35421　　　　　D. 13524

5. 一个栈的输入序列为 1 2 3 4 5，则下列序列中不可能是栈的输出序列的是（　　　）。

A. 2 3 4 1 5　　　B. 5 4 1 3 2　　　C. 2 3 1 4 5　　　D. 1 5 4 3 2

6. 设循环队列中数组的下标范围是 1~n，其头尾指针分别为 f，r，则队列中的元素个数为（　　　）。

A. r-f　　　　　　B. r-f+1　　　　　C. (r-f+1)%n　　　D. (r-f+n)%n

二、填空题

1. 设数组 A[m] 为循环队列 Q 的存储空间，front 为头指针，rear 为尾指针，判定 Q 为空队列的条件是＿＿＿＿＿＿。

2. 在初始为空的队列中插入元素 A，B，C，D 以后，紧接着做了两次删除操作，此时的队尾元素是＿＿＿＿＿＿。

3. 当栈满时再做进栈运算将产生＿＿＿＿＿；当栈空时再做出栈运算将产生＿＿＿＿＿。

4. 在顺序队列中，为了避免＿＿＿＿＿现象，方法是将向量空间想象为一个首尾相接的圆环，并称这种向量为循环变量，存储在其中的队列为循环队列。

5. 设栈 S 和队列 Q 的初始状态为空，元素 a,b,c,d,e,f 依次通过栈 S，一个元素出栈后即进入队列 Q。若这 6 个元素出队的顺序是 b,d,c,f,e,a，则栈 S 的容量至少应该为＿＿＿＿。

上 机 实 战

1. 请编写程序，将第 2 章中的约瑟夫问题用队列实现。
2. 请根据 3.2.1.4 节的实例，编程实现后缀表达式求值。
3. 利用 3.4 节中的 stack 类将十进制数转换为二进制数。

课堂微博：

第4章

串

开场白

卖羊肉串能赚钱，有谁会想到今天卖"字串"也能赚钱，而且赚得更狠呢？新技术导致新职业层出不穷，据说目前一位负责网络推广的，靠字串吃饭的经理人可拿到 50～100 万元的年薪。特别是在百度、搜狗等推出各自"推广"项目后，大家不得不对"串"的功能刮目相看。

"百度推广"由百度公司推出，企业在购买该项服务后，通过注册并提交一定数量的关键词，其推广信息就会率先出现在网民相应的搜索结果中。简单来说，就是当用户利用某一关键词进行检索时，在检索结果页面会出现与该关键词相关的广告内容。如某企业在百度注册提交关键字 BGSEM，当消费者或网民寻找 BGSEM 的信息时，该企业就会被优先找到。百度按照实际点击量（潜在客户访问数）收费，每次有效点击收费从几毛钱到几块钱不等，由企业产品的竞争激烈程度决定。

4.1 案例提出——埃特巴什码

【案例描述】

漂流瓶俨然是航海时代人类跨文化交流的象征符号，就像 QQ 漂流瓶是信息时代网民文化交流的专用词一样。在儒勒·凡尔纳的小说《格兰特船长的儿女》中，困在荒岛上的格兰特船长 3 人，抛出漂流瓶，最终得到格里那凡爵士的救助。一般来说，漂流瓶中机密的纸条信息是要加密的，其中用埃特巴什码（Atbash Cipher）方式加密很普遍。当然，双方要提前约定加密规则。

丹·布朗在《达·芬奇密码》一书中提到的埃特巴什码，其原理是取一个字母，指出它位于字母表正数第几位，再把它替换为从字母表倒数同样的位数后得到的字母，如 E 被替换为 V，N 被替换为 M 等，具体如下所示。

明码表 A B C D E F G H I J K L M N O P Q R S T U V W X Y Z

密码表 Z Y X W V U T S R Q P O N M L K J I H G F E D C B A

例如，明文 SOPHIA 的相应密文为 HLKSRZ。

这种加密有规律可循，所以人们改为用随机乱序字母加密，即单字母替换密码。重排密码表 26 个字母的顺序，密码表会增加到四千亿亿亿多种，能有效防止用筛选方法检验和破解所有密码表的可能，具体如下所示。

明码表 a b c d e f g h i j k l m n o p q r s t u v w x y z

密码表 b y d p g j e f k a i w n z x c q r s h t u o v m l

例如，明文 hello 的相应密文为 fgwwx。

这种密码持续使用了几个世纪，直到阿拉伯人发明了频率分析法。现请根据第二种加密形式，对所输入的字串进行加密和解密，并输出结果。

【案例说明】

本案例中涉及的问题可通过顺序串和链式串来解决。

【案例目的】

引导学习者掌握串的结构，并设计算法，分别对顺序和链式两种存储结构进行操作，以提高解决实际问题的能力。

【数据结构分析】

字符串简称串，也是一种线性结构。串的处理在计算机非数值处理中占有重要地位，如信息检索系统、文字编辑等都是以串作为数据处理对象。本章介绍串的基本概念、基本操作以及模式匹配算法。

4.2 知识点学习

4.2.1 串的基本概念

串（字符串或字串）是由 0 个或多个字符组成的有穷序列。含 0 个字符的串称为空串，用 Φ 表示。串中所含字符的个数称为该串的长度或串长。通常将一个串表示成 "$a_1a_2\cdots a_n$" 的形式。其中，最外边的双引号本身不是串的内容，而是串的标志，以便将串与标识符（如变量名等）加以区别。每个 a_i（$1 \leqslant i \leqslant n$）代表一个字符。

当且仅当两个串的长度相等并且各个对应位置上的字符都相同时，这两个串才是相等的。一个串中，任意个连续字符组成的子序列（含空串，但不含串本身）称为该串的子串。例如，"h"、"he"、"hel" 和 "hell" 等都是 "hello" 的子串。为了表述清楚，在串中空格字符用 "□" 符号表示，例如，"a□b" 是一个长度为 3 的串，其中含有一个空格字符。

C++ 语言定义的串有一个结束标识 '\0'，即使是空串，也有该结束标识。结束标识并不记入串的长度，这也是 C++ 语言中长度为 1 的串和单个字符的区别。本章中的串并不完全等同于这种串，而是用结构体构造的一种自定义类型，所以不能直接使用对串的操作函数，而需要通过自己设计函数来掌握串的结构和规律。

抽象数据类型串的定义如下：

```
ADT  String
{ 数据对象:
    D={a_i| 1 ≤ i ≤ n, n ≥ 0, a_i 属于 char 类型 }
  数据关系:
    R=(<a_i,a_{i+1}>a_i,a_{i+1} ∈ D, i=1,…,n-1)
  基本运算:
    StrAssign(&s,chars)  //将一个字符串常量赋给串 s，即生成一个其值等于 chars 的串 s
    StrCopy(&s,t)        //串复制，将串 t 赋给串 s
    StrEqual(s,t)        //判串相等: 若两个串 s 与 t 相等，则返回真；否则返回假
    StrLength(s)         //求串长: 返回串 s 中字符个数
    Concat(s,t)          //串连接: 返回由两个串 s 和 t 连接在一起形成的新串
    SubStr(s,i,j)        //求子串: 返回串 s 中从第 i（1 ≤ i ≤ StrLength(s)）个字符开始的、由连续 j 个
                         //字符组成的子串
    InsStr(s1,i,s2)      //将串 s2 插入到串 s1 的第 i（1 ≤ i ≤ StrLength(s)+1）个字符中，即将 s2 的
                         //第一个字符作为 s1 的第 i 个字符，并返回产生的新串
    DelStr(s,i,j)        //从串 s 中删除从第 i（1 ≤ i ≤ StrLength(s)）个字符开始的长度为 j 的子串，
                         //并返回产生的新串
    RepStr(s,i,j,t)      //替换: 在串 s 中，将第 i（1 ≤ i ≤ StrLength(s)）个字符开始的 j 个字符构
                         //成的子串用串 t 替换，并返回产生的新串
    DispStr(s)           //串输出: 输出串 s 的所有元素值
}
```

4.2.2　串的存储结构

与线性表一样，本章所涉及的串也包括顺序存储结构和链式存储结构两种。前者简称为顺序串，后者简称为链串。

4.2.2.1　串的顺序存储结构——顺序串

在顺序串中，串中的字符被依次存放在一组连续的存储单元（如一维字符数组）里。一般来说，一个字节（8 位）可以表示一个字符（即该字符的 ASCII 码），因此一个内存单元可以存储多个字符。例如，一个 32 位的内存单元可以存储 4 个字符（即 4 个字符的 ASCII 码）。串的顺序存储有两种方法：一种是每个单元只存放一个字符，如图 4.1 所示，称为非紧缩格式；另一种是每个单元存放多个字符，如图 4.2 所示，称为紧缩格式。在这两个图中，有阴影的字节为空闲部分。

1001	A		
1002	B		
1003	C		
1004	D		
1005	E		
1006	F		
1007	G		
1008	H		
1009	I		
1010	J		
1011	K		
1012	L		
1013	M		
1014	N		

图 4.1　非紧缩格式示例

1000	A	B	C	D
1001	E	F	G	H
1002	I	J	K	L
1003	M	N		

图 4.2　紧缩格式示例

对于非紧缩格式的顺序串，其类型定义如下：

```
typedef struct
{
  char data[MaxSize];
  int length;
} SqString;
```

下面讨论在非紧缩格式的顺序串上实现串基本运算的算法。

（1）StrAssign(SqString &str,char cstr[])

用于将一个 C++ 语言字符串常量赋给串 str，即生成一个值等于 cstr 的串 s。算法如下：

```
void StrAssign(SqString &str,char cstr[])
{
    int i;
    for (i=0;cstr[i]!='\0';i++)
        str.data[i]=cstr[i];
    str.length=i;
}
```

注意：

● 本章所涉及的顺序串的结尾是没有 '\0' 标识的，因为它是通过字段 length 来确定长度。

● 顺序结构相关程序的形参采用的是 C++ 的引用 &str，如果用的是 C 语言系统，则可改为指针，即 *str，同时实参要改为取地址。后面章节均相同，不再说明。

（2）StrCopy(SqString &s, SqString t)

用于将串 t 复制给串 s。算法如下：

```
void StrCopy(SqString &s,SqString t)                //引用型参数
{
    int i;
    for (i=0;i<t.length;i++)
        s.data[i]=t.data[i];
    s.length=t.length;
}
```

（3）StrEqual(SqString s, SqString t)

用于判断两个串是否相等：若两个串 s 与 t 相等，返回真 1；否则返回假 0。算法如下：

```
int StrEqual(SqString s,SqString t)
{
    int same=1,i;
    if (s.length!=t.length)
        same=0;                              //长度不相等时，返回 0
    else
        for (i=0;i<s.length;i++)
            if (s.data[i]!=t.data[i])        //有一个对应字符不同时，返回 0
            {   same=0;
                break;
            }
    return same;
}
```

（4）StrLength(SqString s)

用于求串长，返回串 s 中字符个数。算法如下：

```
int StrLength(SqString s)
{   return s.length;  }
```

（5）Concat(SqString s, SqString t)

用于返回由两个串 s 和 t 连接在一起形成的新串。算法如下：

```
SqString Concat(SqString s,SqString t)
{
    SqString str;
    int i;
    str.length=s.length+t.length;
    for (i=0;i<s.length;i++)              //s.data[0..s.length-1]=>str
        str.data[i]=s.data[i];
    for (i=0;i<t.length;i++)              //t.data[0..t.length-1]=>str
        str.data[s.length+i]=t.data[i];
    return str;
}
```

（6）SubStr(SqString s,int i,int j)

用于返回串 s 中从第 i（$1 \leqslant i \leqslant$ StrLength(s)）个字符开始的、由连续 j 个字符组成的
子串。算法如下：

```
SqString SubStr(SqString s,int i,int j)
{
    SqString str;
    int k;
    str.length=0;
    if (i<=0 || i>s.length || j<0 || i+j-1>s.length)
    {
            cout<<" 参数不正确 \n";
            return str;                  // 参数不正确时返回空串
    }
    for (k=i-1;k<i+j-1;k++)              //s.data[i..i+j]=>str
            str.data[k-i+1]=s.data[k];
    str.length=j;
    return str;
}
```

（7）InsStr(SqString s1,int i, SqString s2)

用于将串 s2 插入到串 s1 的第 *i* 个字符中，即将 s2 的第一个字符作为 s1 的第 *i* 个字符，并返回产生的新串。算法如下：

```
SqString InsStr(SqString s1,int i,SqString s2)
{
    int j;
    SqString str;
    str.length=0;
    if (i<=0 || i>s1.length+1)                    //参数不正确时返回空串
    {
        cout<<" 参数不正确 \n";
        return str;
    }
    for (j=0;j<i-1;j++)                           //s1.data[0..i-2]=>str
        str.data[j]=s1.data[j];
    for (j=0;j<s2.length;j++)                     //s2.data[0..s2.length-1]=>str
        str.data[i+j-1]=s2.data[j];
    for (j=i-1;j<s1.length;j++)                   //s1.data[i-1..s1.length-1]=>str
        str.data[s2.length+j]=s1.data[j];
    str.length=s1.length+s2.length;
    return str;
}
```

（8）DelStr(SqString &s,int i,int j)

用于从串 s 中删除第 *i*（1 ≤ *i* ≤ StrLength(s)）个字符开始的长度为 *j* 的子串，并返回产生的新串。算法如下：

```
SqString DelStr(SqString s,int i,int j)
{
    int k;
    SqString str;
    str.length=0;
    if (i<=0 || i>s.length || i+j>s.length+1)     //参数不正确时返回空串
    {
        cout<<" 参数不正确 \n";
        return str;
    }
    for (k=0;k<i-1;k++)                           //s.data[0..i-2]=>str
        str.data[k]=s.data[k];
```

```
    for (k=i+j-1;k<s.length;k++)                      //s.data[i+j-1..s.length-1]=>str
        str.data[k-j]=s.data[k];
    str.length=s.length-j;
    return str;
}
```

（9）RepStr(SqString s,int i,int j, SqString t)

用于在串 s 中，将第 i（$1 \leqslant i \leqslant$ StrLength(s)）个字符开始的 j 个字符构成的子串用串 t 替换，并返回产生的新串。算法如下：

```
SqString RepStr(SqString s,int i,int j,SqString t)
{
    int k;
    SqString str;
    str.length=0;
    if (i<=0 || i>s.length || i+j-1>s.length)          // 参数不正确时返回空串
    {
            cout<<" 参数不正确 \n";
            return str;
    }
    for (k=0;k<i-1;k++)                                //s.data[0..i-2]=>str
            str.data[k]=s.data[k];
    for (k=0;k<t.length;k++)                           //t.data[0..t.length-1]=>str
            str.data[i+k-1]=t.data[k];
    for (k=i+j-1;k<s.length;k++)                       //s.data[i+j-1..s.length-1]=>str
            str.data[t.length+k-j]=s.data[k];
    str.length=s.length-j+t.length;
    return str;
}
```

（10）DispStr(s)

用于输出串 s 的所有元素值。算法如下：

```
void DispStr(SqString s)
{
    int i;
    if (s.length>0)
    {
            for (i=0;i<s.length;i++)
                cout<<s.data[i];
```

```
            cout<<endl;
     }
}
```

【例 4.1】设计算法，实现串的比较运算 Strcmp(s1,s2)。

本例的算法思路如下。

（1）比较 s1 和 s2 两个串共同长度范围内的对应字符：

① 若 s1 的字符 <s2 的字符，返回 1。

② 若 s1 的字符 >s2 的字符，返回 -1。

③ 若 s1 的字符 ==s2 的字符，按上述规则继续比较。

（2）当（1）中对应字符均相同时，比较 s1 和 s2 的长度：

① 两者相等时，返回 0。

② s1 的长度 >s2 的长度，返回 1。

③ s1 的长度 <s2 的长度，返回 -1。

对应算法如下：

```
int Strcmp(SqString s1,SqString s2)
{
    int i,comlen;
    if (s1.length<s2.length)
            comlen=s1.length;               //求 s1 和 s2 的共同长度
    else
            comlen=s2.length;
    for (i=0;i<comlen;i++)                   //逐个字符比较
            if (s1.data[i]<s2.data[i])
                    return 1;
            else if (s1.data[i]>s2.data[i])
                    return -1;
    if (s1.length==s2.length)                //s1 长度 ==s2 长度
            return 0;
    else if (s1.length<s2.length)            //s1 长度 <s2 长度
            return -1;
    else
            return 1;                        //s1 长度 >s2 长度
}
```

4.2.2.2 串的链式存储结构——链串

链串的组织形式与一般的链表类似，主要区别在于链串中的一个结点可以存储多个字符。通常将链串中每个结点所存储的字符个数称为结点大小。如图 4.3 和图 4.4 所示分别

表示同一个串 "ABCDEFGHHKLMN" 的结点大小为 4 和 1 的链式存储结构。

当结点大小大于 1（如结点大小等于 4）时，链串的最后一个结点的各个数据域不一定总能全被字符占满。此时，应在未占用的数据域里补上不属于字符集的特殊符号（如 '#' 字符），以示区别（参见图 4.3 中的最后一个结点）。

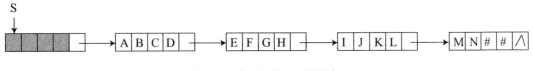

图 4.3　结点大小为 4 的链串

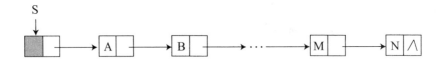

图 4.4　结点大小为 1 的链串

链串结点大小的选择与顺序串的格式选择类似，结点大小越大，则存储密度越大。但存储密度较大时，一些操作（如插入、删除、替换等）会有所不便，且可能引起大量字符移动。因此，适合在串基本保持静态使用方式时采用。结点大小越小（如结点大小为 1），运算处理越方便，但存储密度会下降。为简便起见，本书规定链串的结点大小均为 1。

链串的结点类型定义如下：

```
typedef struct Node
{
    char data;
    struct Node *next;
} LiString;
```

下面讨论在链串上实现串基本运算的算法。

（1）StrAssign(LiString *&s,char t[])

用于将一个字符串常量 t 赋给串 s，即生成一个值等于 t 的串 s。以下采用尾插法建立链串。算法如下：

```
void StrAssign(LiString *&s,char t[])
{
    int i;
    s=new LiString();
    Node *r,*p;
    r=s;
    for(i=0;t[i]!='\0';i++)
```

```
    {
        p=new Node();
        p->data=t[i];
        r->next=p;
        r=p;
    }
    r->next=NULL;
}
```

（2）StrCopy(LiString *&s, LiString *t)

用于将串 t 复制给串 s。以下采用尾插法建立复制后的链串 s，算法如下：

```
void StrCopy(LiString *&s,LiString *t)
{
    Node *p=t->next,*q,*r;
    s=new Node();
    r=s;                            //r 始终指向尾结点
    while (p!=NULL)                 // 将 t 的所有结点复制到 s
    {
        q=new Node();
        q->data=p->data;
        r->next=q;
        r=q;
        p=p->next;
    }
    r->next=NULL;
}
```

（3）StrEqual(LiString *s, LiString *t)

用于判断两个串是否相等。若两个串 s 与 t 相等，则返回真 1；否则返回假 0。算法如下：

```
int StrEqual(LiString *s,LiString *t)
{
    Node *p=s->next,*q=t->next;
    while (p!=NULL && q!=NULL && p->data==q->data)
    {
        p=p->next;
        q=q->next; }
    if (p==NULL && q==NULL)
                return 1;
```

```
    else
            return 0;
}
```

（4）StrLength(LiString *s)

用于求串长，返回串 s 中字符个数。算法如下：

```
int StrLength(LiString *s)
{
   int i=0;
  LiString *p=s->next;
  while (p!=NULL)
  {
        i++;
        p=p->next;
  }
  return i;
}
```

（5）Concat(LiString *s, LiString *t)

用于返回由两个串 s 和 t 连接在一起形成的新串。算法如下：

```
LiString *Concat(LiString *s,LiString *t)
{
    LiString *str=new LiString();
    Node *p=s,*q,*r;
    p=p->next;
    r=str;
    while(p!=NULL)
    {
        q=new Node();
        q->data=p->data;
        r->next=q;
        r=q;
        p=p->next;
    }
    p=t;
    p=p->next;
    while(p!=NULL)
    {
```

```
        q=new Node();

        q->data=p->data;

        r->next=q;

        r=q;

        p=p->next;

    }

    r->next=NULL;

    return str;

}
```

（6）SubStr(LiString *s, int i,int j)

用于返回串 s 中，从第 i（1 ≤ i ≤ StrLength(s)）个字符开始、由连续 j 个字符组成的子串。算法如下：

```
LiString *SubStr(LiString *s,int i,int j)

{

    int k;

    LiString *str,*p=s->next,*q,*r;

    str=new LiString();

    str->next=NULL;

    r=str;

    if (i<=0 || i>StrLength(s) || j<0 || i+j-1>StrLength(s))

    {

        cout<<" 参数不正确 \n";

        return str;                        // 参数不正确时返回空串

    }

    for (k=0;k<i-1;k++)                     // 找第 i-1 个结点，由 p 指向它

        p=p->next;

        for (k=1;k<=j;k++)                  //s[i] 开始的 j 个结点复制到 str

    {

        q=new Node();

        q->data=p->data;

        r->next=q;r=q;

        p=p->next;

    }

    r->next=NULL;

    return str;

}
```

（7）InsStr(LiString *s, int i,LiString *t)

用于将串 t 插入到串 s 的第 i（$1 \leqslant i \leqslant$ StrLength(s)+1）个字符中，即将 t 的第一个字符作为 s 的第 i 个字符，并返回产生的新串。算法如下：

```
LiString *InsStr(LiString *s,int i,LiString *t)
{
    int k;
    Node *str,*p=s->next,*p1=t->next,*q,*r;
    str=new Node();
    str->next=NULL;
    r=str;
    if (i<=0 || i>StrLength(s)+1)
    {
        cout<<" 参数不正确 \n";
        return str;                          //参数不正确时返回空串
    }
    for (k=1;k<i;k++)                         //将 s 的前 i 个结点复制到 str
    {
        q=new Node();
        q->data=p->data;q->next=NULL;
        r->next=q;r=q;p=p->next;
    }
    while (p1!=NULL)                          //将 t 的所有结点复制到 str
    {
        q=new Node();
        q->data=p1->data;
        q->next=NULL;
        r->next=q;
        r=q;
        p1=p1->next;
    }
    while (p!=NULL)                           //将 *p 及其后的结点复制到 str
    {
        q=new Node();
        q->data=p->data;
        q->next=NULL;
        r->next=q;
        r=q;
        p=p->next;
    }
```

```
    r->next=NULL;
    return str;
}
```

（8）DelStr(LiString *s,int i,int j)

用于从串 s 中删除从第 i（$1 \leq i \leq$ StrLength(s)）个字符开始的长度为 j 的子串，并返回产生的新串。算法如下：

```
LiString *DelStr(LiString *s,int i,int j)
{
    int k;
    Node *str,*p=s->next,*q,*r;
    str=new Node();
    str->next=NULL;
    r=str;
    if (i<=0 || i>StrLength(s) || j<0 || i+j-1>StrLength(s))
    {
            cout<<" 参数不正确 \n";
            return str;                      // 参数不正确时返回空串
    }
    for (k=0;k<i-1;k++)                       // 将 s 的前 i-1 个结点复制到 str
    {
            q=new Node();
            q->data=p->data;
            q->next=NULL;
            r->next=q;
            r=q;
            p=p->next;
    }
    for (k=0;k<j;k++)                         // 让 p 沿 next 跳过 j 个结点
            p=p->next;
    while (p!=NULL)                           // 将 *p 及其后的结点复制到 str
    {
            q=new Node();
            q->data=p->data;
            r->next=q;r=q;p=p->next;
    }
    r->next=NULL;
    return str;
}
```

（9）RepStr(LiString *s,int i,int j, LiString *t)

用于在串 s 中，将从第 i（$1 \leqslant i \leqslant$ StrLength(s)）个字符开始的由 j 个字符构成的子串用串 t 替换，并返回产生的新串。算法如下：

```
LiString *RepStr(LiString *s,int i,int j,LiString *t)
{
    int k;
    Node *str,*p=s->next,*p1=t->next,*q,*r;
    str=new Node();
    str->next=NULL;
    r=str;
    if (i<=0 || i>StrLength(s) || j<0 || i+j-1>StrLength(s))
    {
        cout<<" 参数不正确 \n";
        return str;                     // 参数不正确时返回空串
    }
    for (k=0;k<i-1;k++)                  // 将 s 的前 i-1 个结点复制到 str
    {
        q=new Node();
        q->data=p->data;
        r->next=q;
        r=q;
        p=p->next;
    }
    for (k=0;k<j;k++)                    // 让 p 沿 next 跳过 j 个结点
      p=p->next;
    while (p1!=NULL)                     // 将 t 的所有结点复制到 str
    {
        q=new Node();
        q->data=p1->data;
        q->next=NULL;
        r->next=q;
        r=q;
        p1=p1->next;

    }
    while (p!=NULL)                      // 将 *p 及其后的结点复制到 str
    {
        q=new Node();
        q->data=p->data;
```

```
            q->next=NULL;
            r->next=q;
            r=q;
            p=p->next;
        }
        r->next=NULL;
        return str;
}
```

（10）DispStr(LiString *s)

用于输出串 s 的所有元素值。算法如下：

```
void DispStr(LiString *s)
{
    Node *p=s;
    p=p->next;
    while(p!=NULL)
    {
        cout<<p->data;
        p=p->next;
    }
    cout<<endl;
}
```

【例 4.2】在链串中，设计一个算法，把最先出现的子串 "ab" 改为 "xyz"。

在串 s 中找到最先出现的子串 "ab"，p 指向 data 域值为 'a' 的结点，其后为 data 域值为 'b' 的结点。将它们的 data 域值分别改为 'x' 和 'z'，再创建一个 data 域值为 'y' 的结点，将其插入到 *p 之后。本例算法如下：

```
int Repl(LiString *&s)
{
    Node *p=s->next,*q;
    int find=0;
    while (p->next!=NULL && find==0)                     // 查找 ab 子串
    {
        if (p->data=='a'&& p->next->data=='b')           // 找到 ab 子串
        {
            p->data='x';
            p->next->data='z';                           // 替换为 xyz
            q=new Node();
```

```
                q->data='y';

                q->next=p->next;

                p->next=q;

                find=1;

            }
        else

                p=p->next;

    }
    return find;

}
```

4.2.3　串的模式匹配

设有主串 s 和子串 substr，子串 substr 的定位就是要在主串 s 中找到一个与子串 substr 相等的子串。通常把主串 s 称为目标串，把子串 substr 称为模式串，因此定位也称做模式匹配。模式匹配成功是指在目标串 s 中找到一个模式串 substr；不成功则指目标串 s 中不存在模式串 substr。

模式匹配是一个比较复杂的串操作。许多人对此提出了许多效率各不相同的算法，在此介绍一种简单算法——Brute-Force 算法，并设串均采用顺序存储结构。

Brute-Force 算法简称为 BF 算法，亦称简单匹配算法，其基本思路是：从目标串 $s="s_0s_1 \cdots s_{n-1}"$ 的第一个字符开始和模式串 $t="t_0t_1 \cdots t_{m-1}"$ 中的第一个字符比较，若相等，则继续逐个比较后续字符；否则从目标串 s 的第二个字符开始，重新与模式串 t 的第一个字符进行比较，依此类推，若从模式串 s 的第 i 个字符开始，每个字符依次和目标串 t 中的对应字符相等，则匹配成功，该算法返回 $i+1$；否则，匹配失败，函数返回 -1。其算法如下：

```
int IndexPos(SqString str,SqString substr)
{
    int i,j,k;
    for (i=0;i<str.length;i++)                      // 主串循环
    {
        k=0;                                        //k 为主串下标
        j=i;                                        //j 为子串下标
        while (str.data[k]==substr.data[j])
        {
                j++;
                k++;
        }
        if (j==substr.length)                       // 注意，j 每次从 i 开始，有回溯
        return i+1;                                 // 位置等于下标加 1
```

```
    }
    return -1;
}
```

BF 算法简单、易于理解，但效率不高，主要原因是主串指针 i 在若干个字符序列比较相等后，若有一个字符比较不相等，仍需回溯（即 $i=i-j+1$）。该算法在最好情况下的时间复杂度为 O(m)，即主串的前 m 个字符正好等于模式串的 m 个字符。在最坏情况下的时间复杂度为 O($n*m$)。

例如，设目标串 s="cddcdc"，模式串 t="cdc"，则 s 的长度为 n（n=6），t 的长度为 m（m=3）。用指针 i 指示目标串 s 的当前比较字符位置，用指针 j 指示模式串 t 的当前比较字符位置，则 BF 模式的匹配过程如图 4.5 所示。

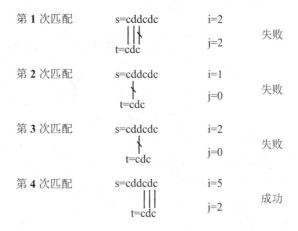

图 4.5　模式匹配过程

由上述过程可以推知两点：

（1）第 i+1（$i \geqslant 0$）次比较是从 s 中的第 i+1 个字符 s_i 开始与 t 中的第一个字符 t_0 比较。

（2）设某一次匹配有 $s_i \neq t_j$，其中 $0 \leqslant i \leqslant n$，$0 \leqslant j \leqslant m$，$i \geqslant j$，则应有 $s_{i-1}=t_{i-1}$，…，$t_{i-j+1}=t_1$，$s_{i-j}=t_0$。再由（1）可知（此时 $k=i-j$），下一次比较目标串的第 $i-j$+1 个字符 s_{i-j+1} 和模式串的第一个字符 t_0。该次比较状态及下一次比较位置的一般性过程如图 4.6 所示。

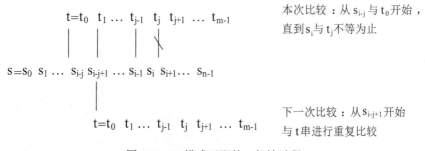

图 4.6　BF 模式匹配的一般性过程

也就是说，若某次匹配 $s_i=t_j$，则继续比较各自的下一个字符，即 i++，j++；若某次

匹配 $s_i \neq t_j$，则 s 从 $i-j+1$ 位置，t 从 0 位置开始比较，即 $i=i-j+1$，$j=0$。对应的 BF 算法的另一种表示如下：

```
int IndexPos(SqString s，SqString t)
{
    int i=0,j=0;
    while(i<s.1en&&j<t.length)
    {
        if(s.data[i]==t.data[j])          //继续匹配下一个字符
        {
            i++;                          //主串和子串依次匹配下一个字符
            j++;
        }
        else                              //主串、子串指针回溯，重新开始下一次匹配
        {
            i=i-j+1;                      //主串从下一个位置开始匹配
            j=0;                          //子串从头开始匹配
        }
    }
    if(j>=t.length)
    return (i-t.length);                  //返回匹配的第一个字符的下标
    else
    return -1;                            //模式匹配不成功
}
```

4.3　案例问题解决

4.3.1　顺序结构埃特巴什码

【算法思路】

（1）用顺序结构解决埃特巴什码问题时，先要定义一个结构体以表示顺序串。

```
typedef struct
{
    char data[MaxSize];
    int length;
}SqString;
```

其中，在 data 中存放加密和解密的串，length 是该串的长度。

（2）定义一个函数 void Disp(SqString s)，用来显示顺序串。

（3）定义一个函数 void StrAssign(SqString &s,char a[])，用来将字符型数组转化为顺序串。

（4）定义一个函数 SqString Encode(SqString s)，用来加密顺序串。

（5）定义一个函数 SqString Decode(SqString s)，用来解密顺序串。

【源程序与分析】

```
#define MaxSize 50
using namespace std;
typedef struct
{
    char data[MaxSize];
    int length;
}SqString;
char Source[]="abcdefghijklmnopqrstuvwxyz";          //源码
char Target[]="jcogiqefwdanyhxkblrstpzuvm";          //目标码
void Disp(SqString s)
{
    int i;
    if(s.length>0)
    {
            for(i=0;i<s.length;i++)
                    cout<<s.data[i];
            cout<<endl;
    }
}
void StrAssign(SqString &s,char a[])
{
    int i;
    for(i=0;a[i]!='\0';i++)
            s.data[i]=a[i];
    s.length=i;
}
SqString Encode(SqString s)                          //加密
{
    int i=0,k;
    SqString tmp;
    while(i<s.length)
    {
```

```
            k=0;
            while(s.data[i]!=Source[k]&&(char)(s.data[i]+32)!=Source[k])
                    k++;
            if(k<26)
                    if(s.data[i]<91&&s.data[i]>64)              // 如果原来是大写
                            tmp.data[i]=(char)(Target[k]-32);    // 仍然转为大写
                    else
                            tmp.data[i]=Target[k];
            else
                    tmp.data[i]=s.data[i];
            i++;
        }
    tmp.length=s.length;
    return tmp;
}
SqString Decode(SqString s)                                      // 解密
{
    int i=0,k;
    SqString tmp;
    while(i<s.length)
        {
            k=0;
            while(s.data[i]!=Target[k]&&(char)(s.data[i]+32)!=Target[k])
                    k++;
            if(k<26)
                    if(s.data[i]<91&&s.data[i]>64)              // 大写
                            tmp.data[i]=(char)(Source[k]-32);    // 转为大写
                    else
                            tmp.data[i]=Source[k];
            else
                    tmp.data[i]=s.data[i];
            i++;

        }
    tmp.length=s.length;
    return tmp;
}
int main()
{
    char Text1[]="I WILL GO TO SCHOOL AT 9:00";
```

```
    char Text2[]="wykxrrwcni";
    SqString s1,s2;
    StrAssign(s1,Text1);
    StrAssign(s2,Text2);
    Disp(Encode(s1));                           // 将 s1 加密
    Disp(Decode(s2));                           // 将 s1 解密
    return 0;
}
```

运行结果如图 4.7 所示。

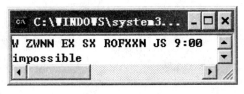

图 4.7 运行结果

为了保证大小写都能有效，在加密和解密函数中增加了对大写字母的处理：

```
while(s.data[i]!=Source[k]&&(char)(s.data[i]+32)!=Source[k])
```

上述语句保证了无论原文是大写还是小写，都能有效地进行解密或加密操作。

```
if(s.data[i]<91&&s.data[i]>64)
    tmp.data[i]=(char)(Target[k]-32);
```

上述语句将 ASCII 值在 65~90（即 A~Z）之间的字母通过减 32，转回大写，即源串中的大写字母加密或解密后仍用大写字母表示。

头脑风暴： 本解决方案处理大写情形时是根据大小写的 ASCII 码差值进行换算实现的，我们还可以在 Source 和 Target 两个数组中直接将 26 个大写字母序列接在小写字母后面，同样可转实现转换。请大家根据这种思路调整 4.3.1 节算法，上机实现转换。

4.3.2 链式结构埃特巴什码

【算法思路】
（1）用链式结构解决埃特巴什码问题时，需要定义指针域：

```
typedef struct Node
{
    char data;
    struct Node *next;
```

} LiString;

（2）void StrAssign(LiString *&s,char t[]) 用于转换字符数组为链式结构的串。

（3）LiString * Encode(LiString *s) 用于将链式结构串加密。

（4）LiString * Decode(LiString *s) 用于将链式结构串解密。

（5）void Disp(LiString *s) 用于显示链式结构串。

【源程序与分析】

```cpp
#include "stdafx.h"
#include <iostream>
using namespace std;
typedef struct Node
{
    char data;
    struct Node *next;
} LiString;
char Source[]="abcdefghijklmnopqrstuvwxyz";
char Target[]="jcogiqefwdanyhxkblrstpzuvm";

void StrAssign(LiString *&s,char t[])
{
    int i;
    Node *r,*p;                          //r 始终指向尾结点
    s=NULL;
    for (i=0;t[i]!='\0';i++)
    {
        p=new Node();                    //p 指向新产生的结点的地址
        p->data=t[i];
        if(s==NULL)
                s=r=p;
        else
        {
                r->next=p;
                r=p;
        }
    }
    r->next=NULL;
}
void Disp(LiString *s)
{
```

```
    Node *p=s;
    while(p!=NULL)
    {
        cout<<p->data;
        p=p->next;
    }
    cout<<endl;
}
LiString * Encode(LiString *s)
{
    int i=0,k;
    Node *t=NULL,*q,*r,*p=s;          //t 指向加密后新串的地址，q 指向新结点，r 指向新串尾部
    while(p!=NULL)
    {
        k=0;
        while(p->data!=Source[k])     // 找到源字符
            k++;
        q=new Node();
        if(k<26)
            q->data=Target[k];
        else
            q->data=p->data;
        if(t==NULL)
                    t=r=q;
        else
        {
            r->next=q;
            r=r->next;
        }
        p=p->next;
    }
    r->next=NULL;
    return t;
}
LiString * Decode(LiString *s)
{
    int i=0,k;
    LiString *t=NULL,*q,*r,*p=s;      //t 指向加密后新串的地址，q 指向新结点，r 指向新串尾部
    while(p!=NULL)
    {
```

```
            k=0;
            while(p->data!=Target[k])          // 找到源字符
                    k++;
            q=new Node();
            if(k<26)
                    q->data=Source[k];
            else
                    q->data=p->data;
            if(t==NULL)
                        t=r=q;
            else
            {
                    r->next=q;
                    r=r->next;
            }
            p=p->next;
        }
    r->next=NULL;
    return t;
}

int main()
{
    char text1[]="what do you do.";
    char text2[]="fxz jli vxt.";
    LiString *s1,*s2;
    StrAssign(s1,text1);
    StrAssign(s2,text2);
    Disp(Encode(s1));
    Disp(Decode(s2));
    return 0;
}
```

运行结果如图 4.8 所示。

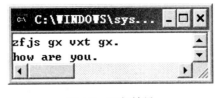

图 4.8   运行结果

头脑风暴：本解决方案没有处理大写情形，请大家根据 4.3.1 节算法自己解决。

4.4 知识与技能扩展——KMP 算法

串的模式匹配除了 BF 算法外，还有更高效的算法——KMP 算法。KMP 算法是 D. E. Knuth、J. H. Morris 和 V. R. Pratt 共同提出的，所以简称 KMP 算法。该算法较 BF 算法有较大改进，主要是消除了主串指针的回溯，从而使算法效率有了某种程度的提高。

1. 模式串 t 中没有真子串

真子串是指模式串 t 存在某个 k（$0<k<j$），使得 "$t_0t_1\cdots t_k$"="$t_{j-k}t_{j-k+1}\cdots t_j$" 成立。例如，t="cdc" 就是这样的模式串。在图 4.6 的第一次回溯中，当 $s_0=t_0$，$s_1=t_1$，$s_2 \neq t_2$ 时，算法中取 $i=1$，$j=0$，使主串指针回溯一个位置，比较 s_1 和 t_0。因 $t_0 \neq t_1$，所以一定有 $s_1 \neq t_0$。另外，因有 $t_0=t_2$，$s_0=t_0$，$s_2 \neq t_2$，则一定可推出 $s_2 \neq t_0$，所以也不必取 $i=2$，$j=0$ 去比较 s_2 和 t_0，可直接在第二次比较时取 $i=3$，$j=0$，比较 s_3 和 t_0。这样，模式匹配过程中主串指针 i 就可不必回溯。

2. 模式串 t 中存在真子串

例如，t="abab"，由于 "t_0t_1"="t_2t_3"（这里 $k=1$，$j=3$），则存在真子串。设 s="abacabab"，t="abab"，第一次匹配过程如图 4.9 所示。

第 1 次匹配   s=abacabab   i=3

                      |||| 失败

                      t=abab   j=3

图 4.9 第一次匹配过程

此时不必从 $i=1$（$i=i-j+1=1$），$j=0$ 重新开始第二次匹配。因 $t_0 \neq t_1$，$s_1=t_1$，必有 $s_1 \neq t_0$，又因 $t_0=t_2$，$s_2=t_2$，所以必有 $s_2=t_0$。因此，第二次匹配可直接从 $i=3$，$j=1$ 开始。

下面我们讨论一般情况。

设 s="$s_0s_1\cdots s_{n-1}$"，t="$t_0t_1\cdots t_{m-1}$"，当 $s_i \neq t_j$（$0 \leqslant i \leqslant n-m$，$0 \leqslant j<m$）时，存在：

$$\text{"}t_0t_1\cdots t_{j-1}\text{"}=\text{"}s_{i-j}s_{i-j+1}\cdots s_{i-1}\text{"} \tag{4.1}$$

若模式串中存在的真子串满足：

$$\text{"}t_0t_1\cdots t_k\text{"}=\text{"}t_{j-k}t_{j-k+1}\cdots t_j\text{"}（0<k<j） \tag{4.2}$$

式（4.1）说明模式串中的子串 "$t_0t_1\cdots t_{k-1}$" 已和主串 "$s_{i-k}s_{i-k+1}\cdots s_{i-1}$" 匹配，下一次可直接比较 s_i 和 t_k，若不存在式（4.2），则结合式（4.1）说明在 "$t_0t_1\cdots t_{j-1}$" 中不存在任何以 t_0 为首字符的子串与 "$s_{i-j+1}s_{i-j+2}\cdots s_{i-1}$" 中以 s_{i-1} 为末字符的匹配子串，下一次可直接比较 s_i 和 t_0。

为此，定义 next[j] 函数如下：

$$next[j]=\begin{cases} \max\{k|0<k<j，\text{且"}t_0t_1...t_{k-1}\text{"="}t_{j-k}t_{j-k+1}...t_{j-1}\text{"}\}, & \text{当此集合非空时} \\ -1, & \text{当 } j=0 \text{ 时} \\ 0, & \text{其他情况} \end{cases}$$

t="abab" 对应的 next 数组如下：

j	0	1	2	3
t[j]	a	b	a	b
next[j]	-1	0	0	1

由模式串 *t* 求出 next 值的算法如下：

```
void GetNext(SqString t,int next[])
{   int j,k;
    j=0;k=-1;next[0]=-1;
    while (j<t.length-1)
    {   if (k==-1 || t.data[j]==t.data[k])      //k 为 -1，或比较的字符相等时
        {    j++;k++;
             next[j]=k;
        }
        else  k=next[k];
    }
}
int KMPIndex(SqString s,SqString t)             //KMP 算法
{   int next[MaxSize],i=0,j=0,v;
    GetNext(t,next);
    while (i<s.length && j<t.length)
    {   if (j==-1 || s.data[i]==t.data[j])
        {   i++;j++; }                          //i 和 j 各增 1
        else j=next[j];                         //i 不变，j 后退
    }
    if (j>=t.length) v=i-t.length;              // 返回匹配模式串的首字符下标
    else v=-1;                                  // 返回不匹配标志
    return v;
}
```

设主串 s 的长度为 *n*，子串 t 的长度为 *m*，在 KMP 算法中求 next 数组的时间复杂度为 O(*m*)。在后面的匹配中，因主串 s 的下标不减即不回溯，比较次数可记为 *n*，所以 KMP 算法总的时间复杂度为 O(*n*+*m*)。

例如，设目标串为 s="aaabaaaab"，模式串为 t="aaaab"。s 的长度为 *n*（*n*=9），t 的长度为 *m*（*m*=5）。用指针 i 指示目标串 s 的当前比较字符位置，用指针 j 指示模式串 t 的当前比较字符位置。KMP 模式匹配过程如图 4.10 所示。

j	0	1	2	3	4
t[j]	a	a	a	a	b
next[j]	-1	0	1	2	3

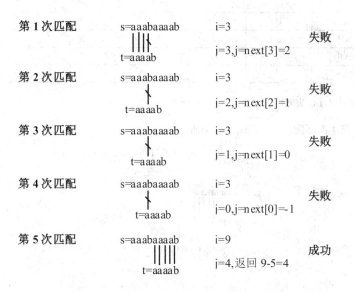

图 4.10　KMP 模式匹配过程

上述定义的 next[] 在某些情况下尚有缺陷。例如，模式 "aaaab" 在和主串 "aaabaaaab" 匹配时，当 $i=3$，$j=3$ 时，s.data[3] $\neq$ t.data[3]，由 next[j] 的指示还需进行 $i=3$、$j=2$，$i=3$、$j=1$，$i=3$、$j=0$ 等 3 次比较。实际上，因为模式中的第 1、2、3 个字符和第 4 个字符都相等，因此，不需要再和主串中第 4 个字符相比较，而可以将模式一次向右滑动 4 个字符的位置直接进行 $i=4$、$j=0$ 时的字符比较。

这就是说，若按上述定义得到 next[j]=k，而模式中 $t_j=t_k$，则为主串中字符 s_i 和 t_j 比较不等时，不需要再和 t_k 进行比较，而直接和 $t_{next[k]}$ 进行比较，即此时的 next[j] 应和 next[k] 相同。为此，将 next[j] 修正为 nextval[j]。

由模式串 t 求出 nextval 值：

```
void GetNextval(SqString t,int nextval[])
{    int j=0,k=-1;
     nextval[0]=-1;
     while (j<t.length)
     {   if (k==-1 || t.data[j]==t.data[k])
         {  j++;k++;
            if (t.data[j]!=t.data[k]) nextval[j]=k;
            else nextval[j]=nextval[k];
         }
         else k=nextval[k];
     }
}
```

修正后的结果如下：

j	0	1	2	3	4
t[j]	a	a	a	a	b
next[j]	-1	0	1	2	3
nextval[j]	-1	-1	-1	-1	3

比较过程如图 4.11 所示。

第 1 次匹配　　s=aaabaaaab　　i=3　　　　　　　　失败
　　　　　　　　　| | | |　　　j=3,j=nextval[3]=-1
　　　　　　　　t=aaaab

第 2 次匹配　　s=aaabaaaab　　i=9　　　　　　　　成功
　　　　　　　　| | | | |　　j=4,返回 9-5=4
　　　　　　　　t=aaaab

图 4.11　比较过程

课 后 习 题

一、单项选择题

1. 空串与空格字符组成的串的区别在于（　　　）。

A. 没有区别　　　　　　　　　　　B. 两串的长度不相等

C. 两串的长度相等　　　　　　　　D. 两串包含的字符相同

2. 若 SUBSTR(S,i,k) 表示求 S 中从第 i 个字符开始的连续 k 个字符组成的子串的操作，则对于 S="Beijing & Nanjing"，SUBSTR(S,4,5)=（　　　）。

A."ijing"　　　　B. "jing & "　　　　C."ingNa"　　　　D. "ing & N"

3. 若 INDEX(S,T) 表示求 T 在 S 中的位置的操作，则对于 S="Beijing & Nanjing"，T="jing"，INDEX(S,T)=（　　　）。

A. 2　　　　　　B. 3　　　　　　C. 4　　　　　　D. 5

4. 若 REPLACE(S,S1,S2) 表示用字符串 S2 替换字符串 S 中的子串 S1 的操作，则对于 S="Beijing & Nanjing"，S1="Beijing"，S2="Shanghai"，REPLACE(S,S1,S2)=（　　　）。

A. "Nanjing & Shanghai"　　　　　　B. "Nanjing & Nanjing"

C. "ShanghaiNanjing"　　　　　　　D. "Shanghai & Nanjing"

5. 在长度为 n 的字符串 S 的第 i 个位置插入另外一个字符串，则 i 的合法值应该是（　　　）。

A. $i>0$　　　　B. $i \leqslant n$　　　　C. $1 \leqslant i \leqslant n$　　　　D. $1 \leqslant i \leqslant n+1$

二、填空题

1. 计算机软件系统中，有两种处理字符串长度的方法：第一种是_____，第二种是_____。

2. 两个字符串相等的充要条件是_____和_____。

3. 串是指_____。

上 机 实 战

1. 利用链式结构解决埃特巴什码问题，对输入的字串进行加密和解密，并能区分大小写。

2. 设 s 和 t 是表示成单链表的两个串，试编写一个找出 s 中第 1 个不在 t 中出现的字符（假定每个结点只存放 1 个字符）的算法。

课堂微博：

第**5**章

递归

开场白

一个方法直接或者间接调用自己称为递归，该方法称为递归方法。用递归方法解决问题时，简单直观、代码编写量小，并且结构清晰、易于阅读。

日常生活中有很多类似递归的情形。比如有一个古老的故事："从前有座山，山上有座庙，庙里有一个小和尚和一个老和尚。小和尚要老和尚讲故事。老和尚说……"这是一个典型的直接调用的案例，即 A->A。

大家也许还看过一个小品节目——《开锁》。业主的重要箱子的钥匙掉了，身份证锁在箱中，叫来开锁公司的员工开锁。员工要求对方出示身份证，于是出现如下对话："你先给我看证件，我才能给你开锁。""你先给我开锁，我才能给你拿证件。"……这个小品则是间接递归，即 A->B->A。

前面两个故事，事实上都还不算是真正意义上的递归，因为它们只有"递"的过程，并没有"归"的终止条件和"归"的过程。在解决实际问题时，能否用递归的方法来解决，取决于问题自身的特点。一个问题要用递归的方法来解决，需满足以下条件：

（1）原问题可转化为一个新问题，而这个新问题与原问题有相同的解决方法。

（2）新问题可继续这种转化，在转化过程中，问题有规律地递增或递减。

（3）在有限次转化后，问题得到解决，即具备递归结束的条件。

请看如下问题：

已知有 5 个人坐在一起，问第 5 个人多少岁，他说比第 4 个人大 2 岁；问第 4 个人，他说比第 3 个人大 2 岁；问第 3 个人，他说比第 2 个人大 2 岁；问第 2 个人，他说比第 1 个人大 2 岁；最后问第 1 个人，他说是 10 岁。试问第 5 个人多大？

此问题可以用递归来解决，因为它满足以上 3 个条件，既有递的过程，又有归的条件和过程。其递归过程如右图所示。

头脑风暴："她是我最好的朋友的妹妹的表姐的小姨的儿子他二舅奶奶的孙女家隔壁的女孩"，通过明确"孙女家隔壁的女孩"后，可以往前推出所有的关系。这句话是不是递归呢？

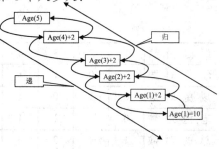

5.1 案例提出——验证黄金分割

【案例描述】

0.618 是一个神奇的数字。在自然界中，小至基因，大至宇宙，都含有这些数字。中国大妈 2013 年 5 月大买黄金，大多亏多赢少。事实上黄金、外汇等金融产品的趋势也基本遵循黄金分割数列的走势。如黄金从最高点下跌后再次反弹时，涨到 0.618 位置附近会受到强大阻力，如图 5.1 所示。

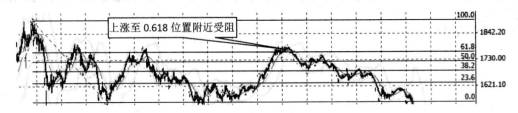

图 5.1　黄金趋势基本遵循黄金分割数列的走势

建筑师们对数字 0.618 也特别偏爱，无论是古埃及的金字塔，还是巴黎圣母院，或者是法国埃菲尔铁塔，都有与 0.618 有关的数据；人们还发现，一些名画、雕塑、摄影作品的主题，大多在画面的 0.618 处；艺术家们认为弦乐器的琴马放在琴弦的 0.618 处，能使琴声更加柔和甜美。

斐波那契数列(Fibonacci Sequence)，又称黄金分割数列，是指这样一个数列：1、1、2、3、5、8、13、21……，即 $Fn=F(n-1)+F(n-2)$。斐波那契数列与黄金分割有什么关系呢？经研究发现，相邻两个斐波那契数的比值是随序号的增加而逐渐趋于黄金分割比的。即 $F(n)/F(n+1) \rightarrow 0.618$。

因数学家斐波那契以兔子繁殖为例子而引入，故又称为兔子数列。我们约定，兔子在出生一个月后，长成成兔，再经过一个月，每对成兔繁殖一对幼仔，并长成为老兔，每对老兔每个月也能生出一对幼仔来。如果所有兔子都不死，那么 20 个月以后可以繁殖多少对兔子？

不妨拿新出生的一对幼仔分析一下：开始的第 1 个月，兔子对数为 1；第 2 个月幼仔刚长成为成兔还没有繁殖，所以还是 1 对；第 3 个月，成兔生下 1 对幼仔，则共有 2 对兔子，同时，该成兔变为老兔；第 4 个月，老兔又生下一对幼仔，同时原来的幼仔成长为成兔，所以一共有 3 对兔子，依此类推，如表 5.1 所示。

表 5.1　兔子繁殖实例

经过月数	1	2	3	4	5	6	7	8	9	10	11	12	13
幼仔对数	1	0	1	1	2	3	5	8	13	21	34	55	89
成兔对数	0	1	0	1	1	2	3	5	8	13	21	34	55
老兔对数	0	0	1	1	2	3	5	8	13	21	34	55	89
总的对数	1	1	2	3	5	8	13	21	34	55	89	144	233

根据这种规律，请编程求出第 20 个月时兔子的对数，并验证 $F(n-1)/F(n) \to 0.618$。

【案例说明】

这个案例中涉及的问题可用多种方法解决，但这里要求用递归来解决。我们先求出第 19 个月和第 20 个月的兔子数，然后用两数相除，即验证 $F(n-1)/F(n) \to 0.618$。

【案例目的】

引导学习者掌握递归模型，并用递归方法来处理具体问题，增强用算法解决具体问题的能力，并为随后学习的树和图打好基础。

【数据结构分析】

有些问题的定义是用递归的形式给出的，如求兔子数问题、汉诺塔问题、八皇后问题等。解决这类问题时，用递归方法简单直观、代码编写量小、结构清晰、易于阅读，比非递归方法有效。但是递归过程占用较多的运行时间和存储空间，执行效率相对较低。

在算法设计中，经常用递归方法求解，特别是本书后面要介绍的树、广义表、查找和排序等内容中，大量地遇到递归算法。递归是计算机科学中的一个重要工具，很多程序设计语言，如 C、C++ 都支持递归程序设计。

"要理解递归，你先要理解递归。"——这句话本身就是递归！

5.2 知识点学习

5.2.1 什么是递归

5.2.1.1 递归的定义

在定义一个过程或函数时出现调用本过程或本函数的成分，称之为递归。若调用自身，称之为直接递归。若过程或函数 A 调用过程或函数 B，而 B 又调用 A，称之为间接递归。

递归不仅是数学中的一个重要概念，也是计算技术中重要的概念之一。在计算技术中，与递归有关的概念有递归关系、递归数列、递归过程、递归算法、递归程序和递归方法。

● 递归关系：指一个数列的若干连续项之间的关系。
● 递归数列：指由递归关系所确定的数列。
● 递归过程：指直接或间接调用自身的过程。
● 递归算法：指包含递归过程的算法。
● 递归程序：指直接或间接调用自身的程序。
● 递归方法：指一种在有限步骤内，根据特定的法则或公式对一个或多个前面的元素进行运算，以确定一系列元素（如数或函数）的方法。

【例 5.1】以下是求 $\sum\limits_{i=1}^{n} i$（i,n 为正整数）的递归函数。

```
int Sum(int n)
{
```

```
    if (n==1)                        // 语句 1
        return 1;                    // 语句 2
    else                             // 语句 3
        return Sum(n-1)+n;           // 语句 4
}
```

在函数 Sum(n) 的求解过程中，直接调用 Sum(n-1)（语句 4）自身，所以它是一个直接递归函数。

5.2.1.2　使用递归的情形

以下 3 种情况，可以使用递归。

（1）定义是递归

有许多数学公式、数列等的定义是递归的。例如，求 Fibonacci 数列和 $\sum_{i=1}^{n}i$ 等。这些问题的求解过程可以将其递归定义直接转化为对应的递归算法，例如，求 $\sum_{i=1}^{n}i$ 可以转化为例 5.1 的递归算法。

（2）数据结构是递归

有些数据结构是递归的。例如，第 2 章中介绍过的单链表就是一种递归数据结构，其结点类型定义如下：

```
typedef struct Node
{
    ElemType data;
    struct Node *next;
} LiList;
```

该定义中，结构体 Node 的定义中用到了其自身，即指针域 next 是一种指向自身类型的指针，所以它是一种递归数据结构。

（3）问题的求解方法是递归

典型的递归解法是 Hanoi 问题求解。设有 3 根分别命名为 A、B 和 C 的塔杆，在塔杆 A 上有 n 个直径各不相同，从小到大依次编号为 1，2，…，n 的盘片，现要求将塔杆 A 上的 n 个盘片移到塔杆 C 上并仍按同样的顺序叠放，盘片移动时必须遵守以下规则：第一，每次只能移动一个盘片；第二，盘片可以插在 3 根塔杆中任一塔杆上，但任何时候较小的盘片都必须放到一个较大的盘片上。设计递归求解算法。

设 Hanoi(n,a,b,c) 表示将 n 个盘片从 a 借助 b 移动到 c 上，递归分解的过程如图 5.2 所示。

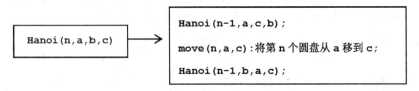

图 5.2　递归分解的过程

由此得到 Hanoi 递归算法如下：

```
void Hanoi(int n,char a,char b,char c)
{
    if(n==1)
        cout<<a<<"->"<<c<<endl;
    else
    {
        Hanoi(n-1,a,c,b);
        cout<<a<<"->"<<c<<endl;
        Hanoi(n-1,b,a,c);
    }
}
```

注意：如果你理解了这个算法，可以尝试玩玩相关汉诺塔游戏。完成 4 块盘则及格，每加一块加 10 分，完成 8 块 100 分。

5.2.1.3　递归模型

递归模型是递归算法的抽象，它反映一个递归问题的递归结构，例如，前面例 5.1 求和的递归算法对应的递归模型如下：

$$
\begin{cases}
\text{fun}(n)=1, & n=1 & (5.1) \\
\text{fun}(n)=\text{fun}(n-1)+n, & n>1 & (5.2)
\end{cases}
$$

其中，式（5.1）给出了递归的终止条件；式（5.2）给出了 fun(n) 的值与 fun(n-1) 的值之间的关系。我们把式（5.1）称为递归出口，把式（5.2）称为递归体。

一般地，一个递归模型由递归出口和递归体两部分组成，前者确定递归到何时结束，后者确定递归求解时的递推关系。

实际上，递归思路是把一个不能或不好直接求解的"大问题"转化成一个或几个"小问题"来解决，再把这些"小问题"进一步分解成更小的"小问题"，如此分解，直至每个"小问题"都可以直接解决（此时分解到递归出口）。但递归分解不是随意的分解，递归分解要保证"大问题"与"小问题"相似，即求解过程与环境都相似。

一旦遇到递归出口，分解过程结束，开始求值过程。所以分解过程是"量变"过程，即原来的"大问题"在慢慢变小，但尚未解决；遇到递归出口后，便发生了"质变"，即原递归问题转化成直接问题。因此，递归的执行过程由分解和求值两部分构成。

在解决实际问题时，能否用递归的方法来解决，取决于问题自身的特点。一个问题要用递归的方法来解决，需满足以下条件：

（1）原问题可转化为一个新问题，而这个新问题与原问题有相同的解决方法。

（2）新问题可继续这种转化，在转化过程中，问题有规律地递增或递减。

（3）在有限次转化后，问题得到解决，即具备递归结束的条件。

本章开场白中的求年龄问题可以用递归来解决，因为它满足以上 3 个条件。

5.2.2　递归调用的过程

递归调用的过程可分为"递"和"归"两个阶段。

（1）递

递就是将原问题不断地分解为新问题，逐渐地从未知的方向向已知的方向推测、递进，最终达到递归结束条件，递阶段结束。

（2）归

从递归结束条件出发，按照递的逆过程逐一求值回归，最后到达递的开始处，结束归阶段，完成递归调用。

5.2.3　递归算法的设计

5.2.3.1　递归算法设计步骤

递归的求解过程均有这样的特征：先将整个问题划分为若干个子问题，通过分别求解子问题，最后获得整个问题的解。而这些子问题具有与原问题相同的求解方法，于是可以再将它们划分成若干个子问题，分别求解，如此反复进行，直到不能再划分成子问题或已经可以求解为止。这种自上而下将问题分解、求解，再自下而上引用、合并，求出最后解答的过程称为递归求解过程。递归算法设计是一种分而治之的算法设计方法，要先给出递归模型，再转换成对应的 C/C++ 语言函数。

递归设计就是要给出合理的"较小问题"，然后确定"大问题"的解与"较小问题"之间的关系，即确定递归体，最后朝此方向分解，必然有一个简单基本问题解，以此作为递归出口。

例如，采用递归算法求实数数组 A[0..n-1] 中的最小值。

假设用 f(A,i) 函数求数组元素 A[0] ~ A[i] 中的最小值。当 $i=0$ 时，有 f(A,i)=A[0]；假设 f(A,i-1) 已求出，则 f(A,i)=MIN(f(A,i-1),A[i])，其中 MIN() 为求两个值中较小值的函数。因此得到如下递归模型：

$$f(A,i)=\begin{cases} A[0], & \text{当 } i=0 \text{ 时} \\ MIN(f(A,i-1),A[i]), & \text{其他情况} \end{cases}$$

由此得到如下递归求解算法：

```
float f(float A[],int i)
{
    float m;
    if (i==0)
        return A[0];
    else
    {
```

```
    m=f(A,i-1);
     if (m>A[i])
       return A[i];
     else
       return m;
   }
}
```

说明：本书第 6 章中就将利用这个算法求树的高度。

5.2.3.2　案例说明

下面通过两个例子进一步说明递归算法的设计过程。

【例 5.2】写出本章开场白中求第 5 个人年龄的递归算法。

经分析，求年龄问题的递归模型如下：

$$f(n)=\begin{cases} 返回\ 10, & 若\ n=1 \\ 当前年龄\ f(n)是\ f(n-1)+2, & 其他情况 \end{cases}$$

其递归思路是：假设求出了第 n-1 的年龄，则第 n 个人的年龄是在其基础上加 2，即 $f(n)=f(n-1)+2$。对应的算法如下：

```
int Age(int n)
{
    if(n==1)
            return 10;
    else
            return Age(n-1)+2;
}
void main()
{
    cout<<Age(5)<<endl;
}
```

输出结果为 18。

【例 5.3】利用串的基本运算写出对串求逆的递归算法。

经分析，求逆串的递归模型如下：

$$f(s)=\begin{cases} s, & 若\ s\ 为空 \\ 把最前一个字符连接到其后子串的逆串之后, & 其他情况 \end{cases}$$

其递归思路是：对于 s="$s_1s_2\cdots s_n$" 的串，假设已求出 "$s_2s_3\cdots s_n$" 的逆串，即 t=invert(s+1)，

再将 s_1 连接到 t 串最后，即得到 s 的逆串。对应的算法如下：

```cpp
#include "stdafx.h"
#include <iostream>
using namespace std;
char* Invert(char *s)
    {
    char *t=new char[50]();
    if(strlen(s)>0)                    // 串不为空
    {
        t=Invert(s+1);                 //s 是串的地址
        t[strlen(s)-1]=s[0];           // 串的第 1 个放至最尾
        t[strlen(s)]='\0';             // 加上结束标志
    }
    else
       strcpy(t,s);
    return  t;
}
int main(int argc, _TCHAR* argv[])
{
    char *s="how are you";
    cout<<Invert(s)<<endl;
    return 0;
}
```

输出结果为 uoy era woh。

头脑风暴：讨论此题是否还有其他方法，如线性表和栈。尝试用栈（即非递归方式）实现逆串。

5.3 案例问题解决——验证黄金分割

【算法思路】

（1）定义递归函数 Fib()，由此函数可以求出第 n 个月的兔子数。

（2）求出第 20 个月的兔子数，即 Fib(20)。

（3）求出第 19 个月的兔子数，即 Fib(19)。

（4）验证 Fib(19)/Fib(20)->0.618。

【源程序与分析】

```cpp
#include "stdafx.h"
```

```cpp
#include <iostream>
using namespace std;

double Fib(int n)
{
    if(n==1||n==2)
            return 1;
    else
            return Fib(n-1)+Fib(n-2);
}
int main(int argc, _TCHAR* argv[])
{
    double x=Fib(20);
    cout<<x<<","<<Fib(19)/x<<endl;
    return 0;
}
```

运行结果如图 5.3 所示。

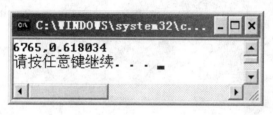

图 5.3　运行结果

从程序可知，递归算法确实简化了问题。如果求第 40 个月的兔子对数，将会发现，程序要运行较长时间。递归效率较低，一般用于把较复杂的问题简单化。

5.4　知识与技能扩展——递归转换

递归算法实际上是一种"分而治之"的方法，它把复杂问题分解为简单问题来求解。对于某些复杂问题，递归算法是一种自然且合乎逻辑的解决问题的方式，但是递归算法的执行效率通常比较差。因此，在求解某些问题时，常采用递归算法来分析问题，用非递归算法来求解问题。另外，有些程序设计语言不支持递归，这就需要把递归算法转换为非递归算法。将递归算法转换为非递归算法有两种方法，一种是直接求值，不需要回溯；另一种是不能直接求值，需要回溯。前者使用一些变量保存中间结果，称为直接转换法；后者使用栈保存中间结果，称为间接转换法。

另外，如果一个递归过程或递归函数中递归调用语句是最后一条执行语句，则称这种递归调用为尾递归。尾递归的递归调用语句只有一个，而且处于算法的最后。例如，求 n!、Fibonacci 数列等算法都是尾递归，而 Hanoi 和串的倒置则不是尾递归。

把递归算法转化为非递归算法有如下 3 种基本方法：

（1）对于尾递归和单向递归的算法，可用循环结构的算法替代。

（2）自己用栈模拟系统的运行时栈，通过分析只保存必须保存的信息，从而用非递归算法替代递归算法。

（3）利用栈保存参数，由于栈的后进先出特性吻合递归算法的执行过程，因而可以用非递归算法替代递归算法。

1. 尾递归和单向递归的消除

采用循环结构消除尾递归和单向递归。求解 Fibonacci 数列的算法如下：

```c
int Fib(int n)
{
    int i,f1,f2,f3;
    if (n==1 || n==2)
            return(n);
    f1=1;
    f2=2;
    for (i=3;i<=n;i++)
    {
            f3=f1+f2;
            f1=f2;
            f2=f3;
    }
    return(f3);
}
```

采用循环结构消除递归没有通用的转换算法，对于具体问题要深入分析对应的递归结构，设计有效的循环语句进行递归到非递归的转换。

2. 模拟系统的运行时栈消除递归

对于不属于尾递归和单向递归的递归算法，很难转化为与之等价的循环算法。但所有的递归程序都可以转化为与之等价的非递归程序。例如，C++ 语言就是先将递归程序转化为非递归程序，然后求解的。

课 后 习 题

一、单项选择题

1. 有以下程序：

```
int f(int x)
{
    int y;
    if(x==0||x==1) return 3;
    y = x*x-f(x-2);
    return y;
}
main()
{
    int z;
    z=f(3);
    cout<<z<<endl;
}
```

程序的运行结果是（　　　　）

A. 0　　　　　　　　　　B. 9　　　　　　　C. 6　　　　　　　D. 8

2. 有以下程序：

```
int fun(int a,int b)
{   if(b==0)
        return a;
    else
        return(fun(--a,--b));
}
main()
{
    cout<<fun(4,2)<<endl;
}
```

程序的运行结果是（　　　　）

A. 1　　　　　　　　　　B. 2　　　　　　　C. 3　　　　　　　D. 4

二、填空题

1. 在定义一个过程或函数时出现调用 _____ 或 _____ 的成分，称之为递归。

2. 递归模型是 _____ 的抽象，它反映一个递归问题的 _____。

3. 有以下程序：

```
fun(int x)
{
```

```
    if(x/2>0)
        fun(x/2);
    cout<<x<<endl;
}
main()
{
    fun(6);
}
```

程序的运行结果是_____。

上 机 实 战

1. 一天，小猴子从树上摘下若干个桃子，当即吃了一半，觉得不过瘾，又吃了一个。第二天，小猴子接着吃剩下的一半，还觉得不过瘾，又吃了一个。以后每天都是吃前一天剩下的一半后，再多吃一个。到第四天，只剩下一个桃子。试用递归算法设计程序，求小猴子第一天摘下了多少个桃子。

2. 用递归算法求 n 个字符串中最长的串。

课堂微博：

第6章

树

开场白

学过 Web 程序设计的朋友都清楚 HTML 的组织结构。请看下面的 HTML 文档和其右边对应的关系图。

```
<html>
  <head>
    <title>DOM Tutorial</title>
  </head>
  <body>
    <Table>
      <tr><td>name</td><td>age</td></tr>
      <tr><td>David</td><td>54</td></tr>
      <tr><td>Tom</td><td>45</td></tr>
    </Table>
    <h1>DOM Lesson one</h1>
    <p>Hello World!</p>
  </body>
</html>
```

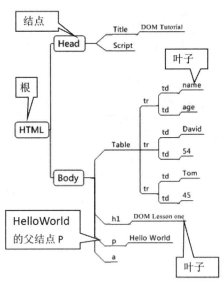

上面所有的结点彼此间都存在关系，如上图所示。如果将图逆时针旋转90°，是不是像以 HTML 标记为根的一棵树？对应左边代码，除文档结点 <html> 之外的每个结点都有父结点。例如，<head> 和 <body> 的父结点是 <html> 结点，文本结点 "Hello World!" 的父结点是 <p> 结点。大部分元素结点都有子结点。例如，<head> 结点有一个子结点——<title> 结点；<title> 结点也有一个子结点——文本结点 "DOM Tutorial"。没有子结点的结点就是树的叶子，比如 name、age、Tom、45 等。

当结点分享同一个父结点时，它们就是"同辈"（同级结点）。例如，<h1> 和 <p> 是同辈，因为它们的父结点均是 <body> 结点。结点也可以拥有"后代"，后代指某个结点的所有子结点，或者这些子结点的子结点，以此类推。例如，除 <html> 本身外所有的文本结点都是 <html> 结点的后代。结点也可以拥有"先辈"。先辈是某个结点的父结点，或者父结点的父结点。例如，所有的文本结点都可把根结点 <html> 作为先辈结点。

事实上，计算机的目录组织结构和单种毒病传播结构也与此类似，我们称这种一个父结点对应多个子结点、子结点只有唯一父结点（根结点没有父结点）的一对多的结构为树。

6.1　案例提出——高效的电文编译

【案例描述】

哈夫曼树也叫最优二叉树，是带权路径长度最小的二叉树，经常应用于数据压缩和计算机信息处理。

利用哈夫曼编码进行通信可以大大提高信道利用率，缩短信息传输时间，降低传输成本。这要求在发送端通过一个编码系统对待传输数据预先编码，在接收端将传来的数据进行译码（复原）。对于双工信道（即可以双向传输信息的信道），每端都需要一个完整的编译码系统。

现假设通信电文是 no pains no gains，请为这句话中的 7 个字母设计哈夫曼编码。

【案例说明】

基本要求：

（1）初始化（Initialization）：读入字符集大小 n，以及 n 个字符和 n 个权值，建立哈夫曼树，并将它存于文件 hfmTree 中。

（2）编码（Encoding）：利用已建好的哈夫曼树进行编码，然后将结果打印出来。

（3）译码（Decoding）：利用已建好的哈夫曼树将已编码进行译码，然后将结果打印出来。

【案例目的】

通过对电文进行编码和译码，掌握哈夫曼树的创建和哈夫曼编码及译码过程，了解树在信息处理中的应用。

【数据结构分析】

在前面几章中介绍了各种常用的线性结构，本章介绍非线性结构，其中树形结构就是一种典型的非线性结构。线性结构可以表示元素或结点的相邻关系，而在树形结构中，由于一个结点与多个结点相对应，所以树形结构除用于表示相邻关系外，还可以表示层次关系。本章讨论树和二叉树的基本概念、存储结构和遍历算法等内容。

6.2　知识点学习

6.2.1　树的基本概念

6.2.1.1　树的定义

树是由 n（$n \geqslant 0$）个结点组成的有限集合（记为 T）。其中：

如果 $n=0$，它是一棵空树，这是树的特例；

如果 $n>0$，这 n 个结点中存在（且仅存在）一个结点作为树的根结点，简称为根（root），其余结点可分为 m（$m>0$）个互不相交的有限集 $T1,T2,\cdots,Tm$，其中每一个子集本身又是一棵符合本定义的树，称为根的子树。

树的定义是递归的，因为在树的定义中又用到树的定义。它刻画了树的固有特性，即一棵树由若干棵子树构成，而子树又由更小的若干棵子树构成。

树是一种非线性数据结构，具有以下特点：它的每个结点都可以有零个或多个后继，但有且只有一个前驱（根结点除外）；这些数据结点按分支关系组织起来，清晰地反映了数据元素之间的层次关系。可以看出，数据元素之间存在的关系是一对多的关系。

抽象数据类型树的定义如下：

```
ADT Tree
{
数据对象：
D={a_i|1 ≤ i ≤ n,n ≥ 0,a_i 属于 ElemType 类型 }          //ElemType 是 C++ 的类型标识符
数据关系：
R={<a_i,a_j>|a_i,a_j ∈ D,1 ≤ i ≤ n,1 ≤ j ≤ n,其中每个元素只有一个前驱，可以有零个或多个后继，
有且仅有一个元素没有前驱 }
基本运算：
InitTree(&t)                          // 初始化树：构造一棵空树 t
ClearTree(&t)                         // 销毁树：释放树 t 所占用的存储空间
Parent(t)                            // 求元素 t 的前驱
Sons(t)                             // 求元素 t 的所有后继
…
}
```

6.2.1.2　树的逻辑表示方法

树的逻辑表示方法有多种，但无论采用哪种表示方法，都应该能够正确表达出树中数据元素之间的层次关系。下面介绍几种常见的逻辑表示方法。

1．树形表示法

用一个圆圈表示一个结点，圆圈内的符号代表该结点的数据信息，结点之间的关系通过连线表示。虽然每条连线上都不带有箭头（即方向），但它仍然是有向的，其方向隐含着从上向下，即连线的上方结点是下方结点的前驱，下方结点是上方结点的后继。其直观形象是一棵倒置的树（树根在上，树叶在下），如图 6.1 所示。

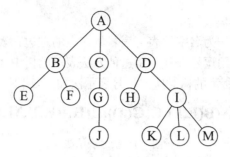

图 6.1 树形表示法

2. 文氏图表示法

每棵树对应一个圆圈，圆圈内包含根结点和子树的圆圈，同一个根结点下的各子树对应的圆圈是不能相交的。用这种方法表示的树中，结点之间的关系是通过圆圈的包含来表示的。图 6.1 所示的树对应的文氏图表示法如图 6.2 所示。

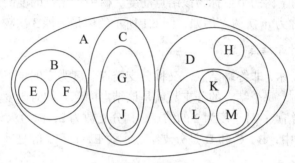

图 6.2 文氏图表示法

3. 凹入表示法

每棵树的根对应着一个条形，子树的根对应着一个较短的条形，且树根在上，子树的根在下，同一个根下的各子树的根对应的条形长度是一样的。图 6.1 所示的树对应的凹入表示法如图 6.3 所示。

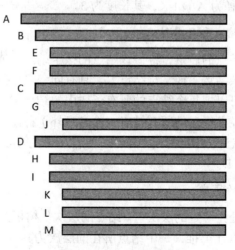

图 6.3 凹入表示法

4．括号表示法

每棵树对应一个由根作为名字的表，表名放在表的左边，表是由在一个括号里的各子树对应的表组成的，之间用逗号分开。用这种方法表示的树中，结点之间的关系是通过括号的嵌套表示的。图 6.1 所示的树对应的括号表示法如图 6.4 所示。

$$A(B(E,F),C(G(J)),D(H,I(K,L,M)))$$

图 6.4　括号表示法

6.2.1.3　树的基本术语

下面介绍树的常用术语。

1．结点的度与树的度

树中某个结点的子树的个数称为该结点的度。树中各结点的度的最大值称为树的度，通常将度为 m 的树称为 m 次树。例如，图 6.1 所示的树是一棵 3 次树。

2．分支结点与叶子结点

度不为零的结点称为非终端结点，又称分支结点。度为零的结点称为终端结点或叶子结点。在分支结点中，每个结点的分支数就是该结点的度。如对于度为 1 的结点，其分支数为 1，称为单分支结点；对于度为 2 的结点，其分支数为 2，称为双分支结点，其余类推。例如图 6.1 所示的树中，B、C 和 D 是分支结点，而 E、F 和 J 等是叶子结点。

3．路径与路径长度

对于任意两个结点 k_i 和 k_j，若树中存在一个结点序列 $k_i,k_{i1},k_{i2},\cdots,k_{in},k_j$，使得序列中除 k_i 外的任一结点都是其在序列中的前一个结点的后继，则称该结点序列为由 k_i 到 k_j 的一条路径，用路径所通过的结点序列 $(k_i,k_{i1},k_{i2},\cdots,k_j)$ 表示。路径的长度等于路径所通过的结点数目减 1（即路径上分支数目）。可见，路径就是从 k_i 出发，"自上而下"到达 k_j 所通过的树中结点序列。显然，从树的根结点到树中其余结点均存在一条路径。例如，图 6.1 所示的树中，从 A 到 K 的路径为 A-D-I-K，其长度为 3。

4．孩子结点、双亲结点和兄弟结点

在一棵树中，每个结点的后继，称做该结点的孩子结点（或子女结点）。相应地，该结点称做孩子结点的双亲结点（或父母结点）。具有同一双亲的孩子结点互为兄弟结点。进一步推广这些关系，可以把每个结点的所有子树中的结点称为该结点的子孙结点，从树根结点到达该结点的路径上经过的所有结点（除自身外）称做该结点的祖先结点。例如，图 6.1 所示的树中，结点 B、C 互为兄弟结点；结点 D 的子孙结点是 H、I、K、L 和 M；结点 I 的祖先结点是 A、D。

5．结点的层次和树的高度

树中的每个结点都处在一定的层次上。结点的层次从树根开始定义，根结点为第 1 层，其孩子结点为第 2 层，以此类推，一个结点所在的层次为其双亲结点所在的层次加 1。树中结点的最大层次称为树的高度（或树的深度）。

6．有序树和无序树

若树中各结点的子树是按照一定的次序从左向右安排的，且相对次序是不能随意变换的，则称为有序树，否则称为无序树。

7．森林

n（$n>0$）个互不相交的树的集合称为森林。森林的概念与树的概念类似，因为只要把树的根结点删除就成了森林。反之，只要给 n 棵独立的树加上一个结点，并把这 n 棵树作为该结点的子树，则森林就变成了树。

6.2.1.4　树的基本运算

前面几章所学的都是基于线性结构的知识，而树是非线性结构，结点之间的关系较线性结构复杂得多，所以树的运算较以前讨论的各种线性数据结构的运算要复杂许多。

对于树的操作主要分为 3 类。

（1）查找：寻找满足某种特定关系的结点，如寻找当前结点的双亲结点等。

（2）插入和删除：插入或删除某个结点，如在树的当前结点上插入一个新结点或删除当前结点的第 i 个孩子结点等。

（3）遍历：遍历树中每个结点，同时可加载一定的操作。

其中，树的遍历运算是指按某种方式访问树中的每个结点且每个结点只被访问一次。树的遍历运算的算法主要有先根遍历和后根遍历两种。注意，下面的先根遍历和后根遍历算法都是递归的。

① 先根遍历

先根遍历算法如下：

● 访问根结点。

● 按照从左到右的次序先根遍历根结点的每一棵子树。

例如，对于图 6.1 所示的树，采用先根遍历得到的结点序列为 BEFCGJDHIKLM。

② 后根遍历

后根遍历算法如下：

● 按照从左到右的次序后根遍历根结点的每一棵子树。

● 访问根结点。

例如，对于图 6.1 所示的树，采用后根遍历得到的结点序列为 EFBJGCHKLMIDA。

6.2.1.5　树的存储结构

树的存储既要存储结点的数据元素本身，又要存储结点之间的逻辑关系。有关树的存储结构很多，下面介绍 3 种常用的存储结构，即双亲存储结构、孩子链存储结构和孩子兄弟链存储结构。

1．双亲存储结构

双亲存储结构是一种顺序存储结构，用一组连续空间存储树的所有结点，同时在每个结点中附设一个伪指针指示其双亲结点的位置。双亲存储结构的类型定义如下：

```
typedef struct
{  ElemType data;          //结点的值
   int parent;             //指向双亲的位置
}PTree[MaxSize]
```

例如，如图 6.5（a）所示的树对应的双亲存储结构如图 6.5（b）所示，其中，根结点 A 的伪指针为 -1，其孩子结点 B、C 和 D 的双亲伪指针均为 0，E、F 和 G 的双亲伪指针均为 2。

该存储结构利用了每个结点（根结点除外）只有唯一双亲的性质。在这种存储结构中，求某个结点的双亲结点十分容易，但求某个结点的孩子结点时需要遍历整个结构。

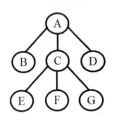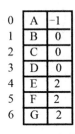

（a）树　　（b）对应的双亲存储结构

图 6.5　树的双亲存储结构

2．孩子链存储结构

孩子链存储结构中，每个结点不仅包含数据值，还包括指向所有孩子结点的指针。由于树中每个结点的子树个数（即结点的度）不同，如果按各个结点的度设计变长结构，则每个结点的孩子结点指针域个数增加使算法实现非常麻烦。孩子链存储结构可按树的度（即树中所有结点度的最大值）设计结点的孩子结点指针域个数。

孩子链存储结构的结点类型定义如下：

```
typedef struct Node
{  ElemType data;              //结点的值
   struct Node *sons[MaxSons]; //指向孩子结点
}TSonNode;
```

其中，MaxSons 为最多的孩子结点个数。例如，如图 6.6（a）所示的树，其度为 3，所以在设计其孩子链存储结构时，每个结点的指针域个数应为 3，对应的孩子链存储结构如图 6.6（b）所示。

3．孩子兄弟链存储结构

孩子兄弟链存储结构中，每个结点设计了 3 个域：一个数据元素域；一个指向该结点的第一个孩子结点的指针域；一个指向该结点的下一个兄弟结点指针域。

兄弟链存储结构中结点的类型定义如下：

```
typedef struct tNode
{   ElemType data;              //结点的值
    struct tNode *sibling;      //指向兄弟结点
    struct tNode *child;        //指向孩子结点
}TSBNode;
```

例如，图 6.6（a）所示的树的孩子兄弟链存储结构如图 6.6（c）所示。

由于树的孩子兄弟链存储结构有两个指针域，并且这两个指针是有序的，所以孩子兄弟链存储结构是把树转换为二叉树的存储结构。后面将会讨论到，把树转换为二叉树所对应的结构恰好就是这种孩子兄弟链存储结构，所以，孩子兄弟链存储结构的最大优点是可方便地实现树和二叉树的相互转换。但是，孩子兄弟链存储结构和孩子链存储结构一样，从当前结点查找双亲结点比较麻烦，需要从树的根结点开始，逐个结点进行比较查找。

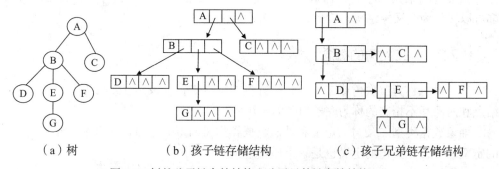

| （a）树 | （b）孩子链存储结构 | （c）孩子兄弟链存储结构 |

图 6.6　树的孩子链存储结构和孩子兄弟链存储结构

【例 6.1】以孩子兄弟链作为树的存储结构，编写一个求树高度的递归算法。

求树的高度的递归模型为：

$$f(t) = \begin{cases} 0, & t = NULL \\ 1, & t\text{ 没有孩子结点} \\ Max(f(p)) + 1，p\text{ 为 }t\text{ 的孩子，} & \text{其他情况} \end{cases}$$

对应的递归算法如下：

```
int TreeHeight(TSBNode *t)
{   TSBNode *p;
    int m,max=0;
    if (t==NULL)                //空树返回0
            return 0;
    else if (t->child==NULL)    //没有孩子结点时返回1
            return 1;
```

```
else
{        p=t->child;                    // 指向第一个孩子结点
         while(p!=NULL)                 // 从所有孩子结点中找出一个高度最大的孩子结点
         {        m=TreeHeight(p);
                  if (max<m)
                  max=m;
                  p=p->sibling;         // 继续求其他兄弟的高度
         }
         return (m+1);
    }
}
```

6.2.2　二叉树

二叉树的结构简单，存储效率高，其运算算法也相对简单，最重要的是任何 m 次树都可以转化为二叉树结构。因此，二叉树非常重要。

6.2.2.1　二叉树的概念

二叉树也称为二次树或二分树，是有限的结点集合，该集合或者为空，或者由一个根结点和两棵互不相交的称为左子树和右子树的二叉树组成。

抽象数据类型二叉树的定义和抽象数据类型树的定义相似，这里不再介绍。显然和树的定义一样，二叉树的定义也是一个递归定义。

二叉树和度为 2 的树是不同的，其差别表现在如下两个方面（对于非空树）：

● 度为 2 的树中至少有一个结点的度为 2，而二叉树没有这种要求。

● 度为 2 的树不区分左、右子树，而二叉树严格区分左、右子树。

二叉树有 5 种基本形态，如图 6.7 所示，任何复杂的二叉树都是这 5 种基本形态的复合。其中图 6.7（a）表示空二叉树，图 6.7（b）表示单结点的二叉树，图 6.7（c）表示右子树为空的二叉树，图 6.7（d）表示左子树为空的二叉树，图 6.7（e）表示左、右子树都不为空的二叉树。

（a）空二叉树 （b）单结点的二叉树 （c）右子树为空 （d）左子树为空 （e）左、右子树都不
　　　　　　　　　　　　　　的二叉树　　　的二叉树　　　为空的二叉树

图 6.7　二叉树的 5 种基本形态

二叉树的表示法与树的表示法一样，也有树形表示法、文氏图表示法、凹入表示法和括号表示法等。另外，6.2.1.3 节介绍的树的所有术语对于二叉树都适用。

在一棵二叉树中，如果所有分支结点都有左孩子结点和右孩子结点，并且叶结点都集中在二叉树的最下一层，即每层结点数达到最大，这样的二叉树称为满二叉树，如图6.8（a）所示。可以对满二叉树的结点进行连续编号，约定编号从树根为1开始，按照层数从小到大，同一层从左到右的次序进行。图中每个结点外边的数字为对该结点的编号。

若二叉树中最多只有最下面两层的结点度数可以小于2，并且最下面一层的叶结点都依次排列在该层最左边的位置上，则这样的二叉树称为完全二叉树，如图6.8（b）所示。同样可以对完全二叉树中每个结点进行连续编号，编号的方法同满二叉树相同。图中每个结点外边的数字为对该结点的编号。

不难看出，满二叉树是完全二叉树的一种特例，并且完全二叉树与同高度的满二叉树对应位置结点有同一编号。图6.8（b）所示的完全二叉树与等高度的满二叉树相比，在最后一层的右边缺少了4个结点。

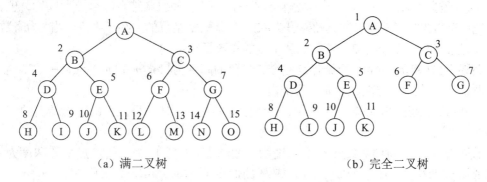

（a）满二叉树　　　　　　　　　　　　（b）完全二叉树

图6.8　满二叉树和完全二叉树

6.2.2.2　二叉树的性质

性质1　非空二叉树上叶结点数等于双分支结点数加1。

证明：设二叉树上叶结点数为n_0，单分支结点数为n_1，双分支结点数为n_2，则总结点数$=n_0+n_1+n_2$。在一棵二叉树中，所有结点的分支数，即度数，应等于单分支结点数加上双分支结点数的2倍，即总的分支数$=n_1+2n_2$。

由于二叉树中除根结点以外，每个结点都有唯一的一个分支指向它，因此二叉树中有：总的分支数 = 总结点数 -1。

由上述3个等式可得 $n_1+2n_2=n_0+n_1+n_2-1$，即 $n_0=n_2+1$。

性质2　非空二叉树上第i（$i \geq 1$）层上至多有2^{i-1}个结点。

证明：采用数学归纳法证明。

对于第一层，因为二叉树中的第一层上只有一个根结点，而由$i=1$代入2^{i-1}，得$2^{i-1}=2^{1-1}=1$，也同样得到只有一个结点，显然结论成立。

假设对于第$i-1$（$i>1$）层命题成立，即二叉树中第$i-1$层上至多有2^{i-2}个结点，而二叉树中每个结点至多有2个孩子结点，所以第i层上的结点数至多为第$i-1$层上结点数的2倍，即至多为$2^{i-2} \times 2=2^{i-1}$个，这与命题相同，故命题成立。

性质3　高度为h（$h \geq 1$）的二叉树至多有2^h-1个结点。

证明：由性质2可知，第i层上最多结点数为2^{i-1}（$i=1,2,\cdots,h$），显然当高度为h的二叉树上每一层都达到最多结点数时，该二叉树具有最多结点数，因此有：

整个二叉树的最多结点数等于每一层最多结点数之和，即 $2^0 + 2^1 + ... + 2^{h-1} = \dfrac{2^h - 1}{2 - 1}$。

当一棵二叉树的结点数等于 $\dfrac{2^h - 1}{2 - 1}$ 时，则称该树为满二叉树。

性质4 对完全二叉树中编号为 i 的结点（$1 \leqslant i \leqslant n$，$n \geqslant 1$，$n$ 为结点数）有：

（1）若 $i \leqslant \lfloor n/2 \rfloor$，即 $2i \leqslant n$，则编号为 i 的结点为分支结点，否则为叶子结点。

（2）若 n 为奇数，则每个分支结点都既有左孩子结点，也有右孩子结点；若 n 为偶数，则编号最大的分支结点只有左孩子结点，没有右孩子结点，其余分支结点都有左、右孩子结点。

（3）若编号为 i 的结点有左孩子结点，则左孩子结点的编号为 $2i$；若编号为 i 的结点有右孩子结点，则右孩子结点的编号为 $2i+1$。

（4）除树根结点外，若一个结点的编号为 i，则它的双亲结点的编号为 $\lfloor i/2 \rfloor$，也就是说，当 i 为偶数时，其双亲结点的编号为 $i/2$，它是双亲结点的左孩子结点；当 i 为奇数时，其双亲结点的编号为 $(i\text{-}1)/2$，它是双亲结点的右孩子结点。

性质5 具有 n（$n>0$）个结点的完全二叉树的高度为 $\lceil \log_2 n+1 \rceil$ 或 $\lfloor \log_2 n \rfloor +1$。

由完全二叉树的定义和性质3可推出。

【例6.2】在一棵完全二叉树中，结点总个数为 n，则编号最大的分支结点的编号是多少？

设该完全二叉树中总结点个数、度为0的结点个数、度为1的结点个数和度为2的结点个数分别为 n、n_0、n_1 和 n_2。由二叉树的性质1可知 $n_0=n_2+1$，又有 $n=n_0+n_1+n_2$，所以 $n=2n_2+n_1+1$，得：

$$n_2 = \frac{n - n_1 - 1}{2}$$

在完全二叉树中，n_1 只能为0或1。当 $n_1=0$ 时，二叉树只有度为2的结点和叶子结点，n_2 即为最大分支结点编号，此时：

$$n_2 = \frac{n-1}{2} = \left\lfloor \frac{n}{2} \right\rfloor$$

当 $n_1=1$ 时，二叉树中只有一个度为1的结点（该结点是最后一个分支结点），此时最大分支结点编号为 $n_2+1=n/2$。

归纳起来，编号最大的分支结点的编号是 $\left\lfloor \dfrac{n}{2} \right\rfloor$。

6.2.2.3 二叉树与树、森林之间的转换

树、森林与二叉树之间有一个自然的对应关系，它们之间可以相互转换，即任何一个森林或一棵树都可以唯一地对应一棵二叉树，而任一棵二叉树也能唯一地对应到一个森林或一棵树上。正是由于有这样的一一对应关系，可以把在树中处理的问题对应到二叉树中进行处理，从而把问题简单化，所以二叉树在树的应用中特别重要。下面介绍森林、树与二叉树相互转换的方法。

对于一般的树来说，树中结点的左、右次序无关紧要，只要其双亲结点与孩子结点的关系不发生错误即可。但在二叉树中，左、右孩子结点的次序不能随意颠倒。因此，下面讨论的二叉树与一般树之间的转换都是约定按照树在图形上的结点次序进行的，即把一般

树作为有序树来处理，这样不至于引起混乱。

1．森林、树转换为二叉树

将森林、树递归构造二叉树的过程归纳如下：

（1）在所有相邻兄弟结点（森林中每棵树的根结点可看成是兄弟结点）之间加一水平连线。

（2）对每个非叶结点 k，除了其最左边的孩子结点外，删除 k 与其他孩子结点的连线。

（3）所有水平线段以左边结点为轴心顺时针旋转 45°。

通过以上步骤，原来的森林就转换为一棵二叉树。一般的树是森林中的特殊情况，由一般的树转换的二叉树的根结点的右孩子结点始终为空，原因是一般的树的根结点不存在兄弟结点和相邻的树。

【例 6.3】将如图 6.9（a）所示的森林转换成二叉树表示。

转换为二叉树的过程如图 6.9（b）所示，最终结果如图 6.9（c）所示。

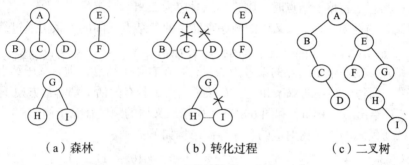

（a）森林　　　　　　（b）转化过程　　　　　　（c）二叉树

图 6.9　森林转换成二叉树

2．二叉树还原为森林、树

将一棵由森林或一般树转换来的二叉树还原为一般森林或树的过程如下：

（1）对于一棵二叉树中任一结点 k_0，沿着 k_1 右孩子结点的右子树方向搜索所有右孩子结点，即搜索结点序列 $k_2, k_3, \cdots, k_m$，其中 k_{i+1} 为 k_i（$1 \leqslant i < m$）的右孩子结点，k_m 没有右孩子结点。

（2）删除 $k_1, k_2, \cdots, k_m$ 之间连线。

（3）若 k_1 有双亲结点 k，则连接 k 与 k_i（$2 \leqslant i \leqslant m$）。

（4）将图形规整化，使各结点按层次排列。

【例 6.4】将如图 6.10（a）所示的二叉树还原为一般的树。

还原为树的过程如图 6.10（b）所示，最终结果如图 6.10（c）所示。

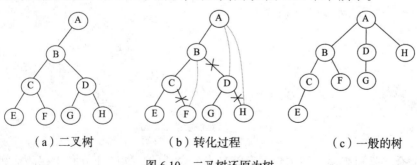

（a）二叉树　　　　　（b）转化过程　　　　　（c）一般的树

图 6.10　二叉树还原为树

6.2.2.4 二叉树的存储结构

二叉树的存储结构主要有顺序存储结构和链式存储结构两种。

1. 二叉树的顺序存储结构

二叉树的顺序存储结构就是用一组地址连续的存储单元来存放二叉树的数据元素。因此，必须确定树中各数据元素的存放次序，使得各数据元素在这个存放次序中的相互位置能反映出数据元素之间的逻辑关系。

二叉树的顺序存储结构中结点的存放次序是：对该树中每个结点进行编号，其编号从小到大的顺序就是结点存放在连续存储单元的先后次序。若把二叉树存储到一维数组中，则该编号就是下标值加 1。树中各结点的编号与等高度的完全二叉树中对应位置上结点的编号相同。其编号过程是：首先把树根结点的编号定为 1，然后按照层次从上到下、每层从左到右的顺序，对每个结点进行编号。当它是编号为 i 的双亲结点的左孩子结点时，则其编号为 $2i$；当它是右孩子结点时，则它的编号应为 $2i+1$。

根据二叉树的性质 5，在二叉树的顺序存储中的各结点之间的关系可通过编号（存储位置）确定。对于编号为 i 的结点（即第 i 个存储单元），其双亲结点的编号为 $i/2$。若存在左孩子结点，则左孩子结点的编号为 $2i$；若存在右孩子结点，则右孩子结点的编号为 $2i+1$。因此，访问每个结点的双亲和左、右孩子结点（若有的话）都非常方便。

【例 6.5】给出图 6.8（a）和图 6.8（b）所示二叉树的顺序存储结构。

图 6.8（a）所示的二叉树对应的顺序存储结构如下：

1	2	3	4	5	6	7	8	9	10	11	12	13	14	15
A	B	C	D	E	F	G	H	I	J	K	L	M	N	O

图 6.8（b）所示的二叉树对应的顺序存储结构如下：

1	2	3	4	5	6	7	8	9	10	11
A	B	C	D	E	F	G	H	I	J	K

同理，图 6.11 所示的非完全二叉树对应的顺序存储结构（先采用完全二叉树的编号方式，没有编号的结点在对应位置用空表示）如下：

1	2	3	4	5	6	7	8	9	10	11	12	13	14	15
A	B	C	D		E	F		G			H			I

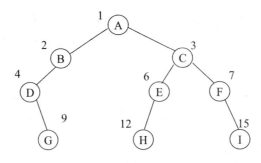

图 6.11 一棵非完全二叉树

对于完全二叉树来说，使用顺序存储是十分合适的，能够充分利用存储空间。但对于一般的二叉树，特别是对于单分支结点较多的二叉树来说是很不合适的，因为可能只有少数存储单元被利用，特别是对退化的二叉树（即每个分支结点都是单分支），空间浪费更为严重。由于顺序存储结构这种固有的缺陷，使得二叉树的插入、删除等运算十分不方便。因此，对于一般的二叉树通常采用链式存储方式。

2．二叉树的链式存储结构

二叉树的链式存储结构是指用一个链表来存储一棵二叉树，二叉树中每一个结点用链表中的一个链结点来存储。在二叉树中，标准存储方式的结点结构如下：

其中，data 表示值域，用于存储对应的数据元素；lchild 和 rchild 分别表示左指针域和右指针域，分别用于存储左孩子结点和右孩子结点（即左、右子树的根结点）的存储位置。这种链式存储结构通常称为二叉链。

对应的 C++ 语言的结点类型定义如下：

```
typedef struct Node
{   ElemType data;                          // 数据元素
    struct Node *lchild,*rchild;            // 指向左、右孩子的指针
} BiTree;
```

图 6.12（a）中的二叉树对应的二叉链存储结构如图 6.12（b）所示。

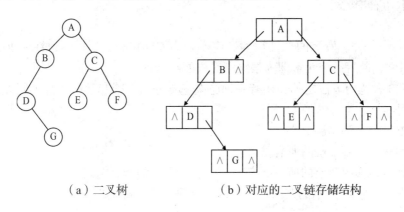

（a）二叉树　　　　　　　（b）对应的二叉链存储结构

图 6.12　二叉树及其二叉链式存储结构

6.2.2.5　二叉树的遍历

1．二叉树遍历的概念

二叉树的遍历是指按照一定次序访问二叉树中所有结点，并且每个结点仅被访问一次的过程。它是最基本的运算，是二叉树中所有其他运算的基础。

在遍历一棵一般有序树时，根据访问根结点、遍历子树的先后关系产生两种遍历方法。在二叉树中，左子树和右子树是有严格区别的，因此在遍历一棵非空二叉树时，根据访问根结点、遍历左子树和遍历右子树之间的先后关系可以组合成 6 种遍历方法。若再规定先

遍历左子树，后遍历右子树，则对于非空二叉树，可得到如下 3 种递归的遍历方法。

（1）先序遍历

先序遍历二叉树的过程是：

① 访问根结点。

② 先序遍历左子树。

③ 先序遍历右子树。

例如，图 6.12（a）所示的二叉树的先序序列为 ABDGCEF。显然，在一棵二叉树的先序遍历序列中，第一个元素即为根结点对应的结点值。

（2）中序遍历

中序遍历二叉树的过程是：

① 中序遍历左子树。

② 访问根结点。

③ 中序遍历右子树。

例如，图 6.12（a）所示的二叉树的中序序列为 DGBAECF。显然，在一棵二叉树的中序遍历序列中，根结点值将其序列分为前后两部分，前部分为左子树的中序序列，后部分为右子树的中序序列。

（3）后序遍历

后序遍历二叉树的过程是：

① 后序遍历左子树。

② 后序遍历右子树。

③ 访问根结点。

例如，图 6.12（a）所示的二叉树的后序序列为 GDBEFCA。显然，在一棵二叉树的后序遍历序列中，最后一个元素即为根结点对应的结点值。

除了以上 3 种遍历方法之外，还有一种层次遍历方法，若二叉树非空（假设其高度为 h），则其过程是：

① 访问根结点（第 1 层）。

② 从左到右访问第 2 层的所有结点。

③ 从左到右访问第 3 层的所有结点、……、第 h 层的所有结点。

例如，图 6.12（a）所示的二叉树的层次遍历序列为 ABCDEFG。

2．二叉树遍历递归算法

由二叉树的前 3 种遍历过程描述，可直接得到如下 3 种递归算法：

```
void PreOrder(BiTree *b)              // 先序遍历的递归算法
{
    if (b!=NULL)
    {
        cout<<b->data;               // 访问根结点
        PreOrder(b->lchild);         // 先序遍历左子树
        PreOrder(b->rchild);         // 先序遍历右子树
    }
```

```
}
void InOrder(BiTree *b)                    // 中序遍历的递归算法
{
    if (b!=NULL)
    {
            InOrder(b->lchild);            // 中序遍历左子树
            cout<<b->data;                 // 访问根结点
            InOrder(b->rchild);            // 中序遍历右子树
    }
}
void PostOrder(BiTree *b)                   // 后序遍历的递归算法
{
    if (b!=NULL)
    {
            PostOrder(b->lchild);          // 后序遍历左子树
            PostOrder(b->rchild);          // 后序遍历右子树
            cout<<b->data;                 // 访问根结点
    }
}
```

3．二叉树层次遍历算法

类似 3.3.2 节中求解迷宫问题时使用队列的算法，即先将根结点进队，在队列不空时循环：从队列中出列一个结点，访问它；若它有左孩子结点，将左孩子结点进队；若它有右孩子结点，将右孩子结点进队。如此操作，直到队空为止。对应算法如下：

```
#include <queue>                           // 包含 queue 的头文件
void LevelOrder(BiTree *b)
{ Node *p;
  queue<Node *> qu;
  qu.push(b);                              // 根结点指针进入队列
  while (!qu.empty())                      // 队列不为空
  {   p=qu.front();
          qu.pop();                        // 队头出队列
      cout<<p->data;                       // 访问结点
      if (p->lchild!=NULL)                 // 有左孩子时，将其进队
          qu.push(p->lchild);
      if (p->rchild!=NULL)                 // 有右孩子时，将其进队
          qu.push(p->rchild);
  }
```

```
    }
```

【例 6.6】假设二叉树采用二叉链存储结构存储，试设计一个算法，输出一棵给定二叉树的所有叶子结点。

输出一棵二叉树的所有叶子结点的递归模型 f() 如下：

$$f(b)=\begin{cases} 不做任何事情, & 若\ b = NULL \\ 输出*b\ 结点的\ data\ 域, & 若*b\ 为叶子结点 \\ f(b\text{-> }lchild); f(b\text{-> }rchild), & 其他情况 \end{cases}$$

对应的算法如下：

```
void DispLeaf(BiTree *b)
{
    if (b!=NULL)
    {
        if (b->lchild==NULL && b->rchild==NULL)
                cout<<b->data;              //访问叶子结点
        else
        {
                DispLeaf(b->lchild);        //输出左子树中的叶子结点
                DispLeaf(b->rchild);        //输出右子树中的叶子结点
        }
    }
}
```

上述算法实际上是采用先序遍历递归算法输出所有叶子结点，所以叶子结点是以从左到右的次序输出的，若要改成从右到左的次序输出所有叶子结点，只需将先序遍历方式的左、右子树访问次序颠倒即可。对应的算法如下：

```
void DispLeaf1(BiTree *b)
{
    if(b!=NULL)
    {
        if(b->lchild==NULL&&b->rchild==NULL)
                cout<<b->data;      //访问叶子结点
        DispLeaf1(b->rchild);       //输出右子树中的叶子结点
        DispLeaf1(b->lchild);       //输出左子树中的叶子结点
    }
}
```

6.2.2.6　二叉树的基本运算及其实现

1. 二叉树的基本运算概述

归纳起来，二叉树有以下基本运算：

（1）创建二叉树 CreateBiTree(BiTree *b,char *str)

根据二叉树括号表示法的字符串 *str 生成对应的链式存储结构。

（2）查找结点 FindNode(BiTree *b, ElemType x)

在二叉树 b 中寻找 data 域值为 x 的结点，并返回指向该结点的指针。

（3）求孩子结点 LchildNode(Node *p) 和 RchildNode(Node *p)

分别求二叉树中结点 *p 的左孩子结点和右孩子结点。

（4）求高度 BiTreeDepth(BiTree *b)

求二叉树 b 的高度。若二叉树为空，则其高度为 0；否则，其高度等于左子树与右子树中的最大高度加 1。

（5）输出二叉树 DispBiTree(BiTree *b)

以括号表示法输出一棵二叉树。

2. 二叉树的基本运算算法实现

（1）创建二叉树 CreateBiTree(BiTree *b,char *str)

用 *ch* 扫描采用括号表示法表示二叉树的字符串。分以下几种情况：

① 若 *ch*='('，则将前面刚创建的结点作为双亲结点进栈，并置 *k*=1，表示其后创建的结点将作为该结点的左孩子结点。

② 若 *ch*=')'，表示栈中结点的左、右孩子结点处理完毕，退栈。

③ 若 *ch*=','，表示其后创建的结点为右孩子结点。

④ 其他情况，表示要创建一个结点，并根据 *k* 值建立该结点与栈中结点之间的联系，当 *k*=1 时，表示该结点作为栈中结点的左孩子结点；当 *k*=2 时，表示该结点作为栈中结点的右孩子结点。如此循环，直到 str 处理完毕。算法中使用一个栈 St 保存双亲结点，top 为其栈指针，*k* 指定其后处理的结点是双亲结点（保存在栈中）的左孩子结点（*k*=1）还是右孩子结点（*k*=2）。

对应的算法如下：

```
#include <stack>                          // 包含 stack 头文件
void CreateBiTree(BiTree *&b,char *str)
{
    stack<Node*> st;
    Node *p=NULL;
    int k,j=0;
    char ch;
    b=NULL;                               //建立的二叉树初始时为空
    ch=str[j];
    while (ch!='\0')                      //str 未扫描完时循环
```

```
    {
            switch(ch)
            {
                    case '(':st.push(p);k=1; break;          // 为左孩子结点
                    case ')':st.pop();break;
                    case ',':k=2; break;                     // 为右孩子结点
                    default:
                            p=new Node();
                            p->data=ch;
                            p->lchild=p->rchild=NULL;
                            if (b==NULL)                     //*p 为二叉树的根结点
                                    b=p;
                            else                             // 已建立二叉树根结点
                            {
                              switch(k)
                              {
                                      case 1:st.top()->lchild=p;break;
                                      case 2:st.top()->rchild=p;break;
                              }
                            }
            }
        j++;
        ch=str[j];
    }
}
```

例如，对应图 6.12（a）的括号表示串 A(B(D(,G)),C(E,F))，建立二叉树链式存储结构的过程如表 6.1 所示，最后生成的二叉链如图 6.12（b）所示。

表 6.1　建立二叉树链式存储结构的过程

ch	算法执行的过程	St 中的元素
A	建立 A 结点，b 指向该结点	空
(	A 结点进栈，置 k=1	A
B	建立 B 结点，因 k=1，将其作为 A 结点的左孩子结点	A
(	B 结点进栈，置 k=1	AB
D	建立 D 结点，因 k=1，将其作为 B 结点的左孩子结点	AB
(	D 结点进栈，置 k=1	ABD
,	置 k=2	ABD
G	建立 G 结点，因 k=2，将其作为 D 结点的右孩子结点	ABD
)	退栈一次	AB
)	退栈一次	A

ch	算法执行的过程	St 中的元素
,	置 k=2	A
C	建立 C 结点，因 k=2，将其作为 A 结点的右孩子结点	A
(	C 结点进栈，置 k=1	AC
E	建立 E 结点，因 k=1，将其作为 C 结点的左孩子结点	AC
,	k=2	AC
F	建立 F 结点，因 k=2，将其作为 C 结点的右孩子结点	AC
)	退栈一次	A
)	退栈一次	空
扫描完毕	算法结束	

（2）查找结点 FindNode(BiTree *b,ElemType x)

采用先序遍历递归算法查找值为 x 的结点，找到后返回其指针，否则返回 NULL。算法如下：

```
BiTree *FindNode(BiTree *b,ElemType x)
{   BiTree *p;
    if (b==NULL)                    // 空树时返回 NULL
            return NULL;
    else if (b->data==x)            // 找到值为 x 的结点，返回其指针
            return b;
    else
    {   p=FindNode(b->lchild,x);    // 在左子树中查找
        if (p!=NULL)                // 若找到，则返回其指针
            return p;
        else                        // 若未找到，则在右子树中查找
            return FindNode(b->rchild,x);
    }
}
```

头脑风暴： 请讨论如何利用此方法查找图 6.12（a）所表示的树中，data 域为 'D' 的结点的右孩子的 data 值（即 'G'）。

（3）求孩子结点 LchildNode(BiTree *p) 和 RchildNode(BiTree *p)

直接返回 *p 结点的左孩子结点或右孩子结点的指针。算法如下：

```
BiTree *LchildNode(BiTree *p)
{
    return p->lchild;
}
BiTree *RchildNode(BiTree *p)
{
```

```
            return p->rchild;
}
```

（4）求高度 BiTreeDepth(BiTree *b)

求二叉树的高度的递归模型 f( ) 如下：

$$f(b)= \begin{cases} 0, & \text{若 b=NULL} \\ MAX\{f(b{\to}lchild), f(rchild)\}+1, & \text{其他情况} \end{cases}$$

对应的算法如下：

```
int BiTreeDepth(BiTree *b)
{
    int lchilddep,rchilddep;
    if (b==NULL)
        return(0);                                      // 空树的高度为 0
    else
    {
        lchilddep=BiTreeDepth(b->lchild);               // 求左子树的高度为 lchilddep
        rchilddep=BiTreeDepth(b->rchild);               // 求右子树的高度为 rchilddep
        return(lchilddep>rchilddep)? (lchilddep+1):(rchilddep+1);
    }
}
```

（5） 输出二叉树 DispBiTree(BiTree *b)

输出二叉树的过程是：对于非空二叉树 b，先输出其元素值，当存在左孩子结点或右孩子结点时，输出一个"("符号，然后递归处理左子树，输出一个","符号，再递归处理右子树，最后输出一个")"符号。对应的递归算法如下：

```
void DispBiTree(BiTree *b)
{
    if (b!=NULL)
    {
        cout<<b->data;
        if (b->lchild!=NULL || b->rchild!=NULL)
        {
            cout<<"(";                      // 有孩子结点时才输出
            DispBiTree(b->lchild);          // 递归处理左子树
            if (b->rchild!=NULL)
                cout<<",";                  // 有右孩子结点时才输出
            DispBiTree(b->rchild);          // 递归处理右子树
```

```
            cout<<")";                          // 有孩子结点时才输出 ")"
        }
    }
}
```

例如，调用前面的函数 CreateBiTree(b, "A(B(D(G)),C(E,F)) ") 构造一棵二叉树 b，再调用 DispBiTree(b)，其执行结果为 A(B(D(G)),C(E,F))。

【例 6.7】假设二叉树采用二叉链存储结构，设计一个算法 Level()，求二叉树中指定结点的层数，并利用本节的基本运算编写一个完整的程序，建立教材中图 6.9（a）所示的二叉树的二叉链，对于用户输入的任何结点值计算出在该二叉树中的层次。

本题采用递归算法，设 h 返回 b 所指结点的高度，其初值为 1，表示从第 1 层开始。找到指定的结点时返回其层次；否则返回 0，表示找不到。lh 作为一个中间变量在计算搜索层次时使用。对应的算法如下：

```
int Level(BiTree *b,ElemType x,int h)
{
    int lh;
    if (b==NULL)                          // 找到 *b 结点后 h 为其层次；否则为 0
        return 0;                         // 空树时返回 0
    else if (b->data==x)
        return  h;                        // 找到结点时
    else
    {
        lh=Level(b->lchild,x,h+1);        // 在左子树中递归查找
        if (lh==0)                        // 左子树中未找到时在右子树中递归查找
        return Level(b->rchild,x,h+1);
        else
            return lh;
    }
}
```

【例 6.8】假设二叉树采用二叉链存储结构，设计一个算法，输出从每个叶子结点到根结点的路径。

这里用层次遍历方法，设计的队列为非循环顺序队列，类似于 3.3.2 节中求解迷宫问题时使用的队列，将所有已扫描过的结点指针进队，并在队列中保存双亲结点的位置。当找到一个叶子结点时，在队列中通过双亲结点的位置输出该叶子结点到根结点的路径。对应的算法如下：

```
void Path(BiTree *b)
```

```
{
    struct snode
    {
        BiTree *node;                           // 存放当前结点指针
        int parent;                             // 存放双亲结点在队列中的位置
    } queue[MaxSize];                           // 定义顺序队列
    int front,rear,p;                           // 定义队头和队尾指针
    front=rear=-1;                              // 置队列为空队列
    rear++;
    queue[rear].node=b;                         // 根结点指针进入队列
    queue[rear].parent=-1;                      // 根结点没有双亲结点
    while (front<rear)                          // 队列不为空
    {
        front++;
        b=queue[front].node;                    // 队头出队列
        if (b->lchild==NULL && b->rchild==NULL)
        {
            cout<<endl<<" 叶子 "<<b->data<<" 到根结点路径 :";
            p=front;
            while (queue[p].parent!=-1)
            {
                cout<<queue[p].node->data<<"->";
                p=queue[p].parent;
            }
            cout<<queue[p].node->data;
        }
        if (b->lchild!=NULL)                    // 左孩子结点入队列
        {
            rear++;
            queue[rear].node=b->lchild;
            queue[rear].parent=front;
        }
        if (b->rchild!=NULL)                    // 右孩子结点入队列
        {
            rear++;
            queue[rear].node=b->rchild;
            queue[rear].parent=front;
        }
    }
}
```

6.2.2.7 由遍历序列构造二叉树

假设二叉树中每个结点的值均不相同（本节的算法均基于这种假设），同一棵二叉树具有唯一的先序序列、中序序列和后序序列，但不同的二叉树可能具有相同的先序序列、中序序列和后序序列。例如，如图 6.13 所示的 5 棵二叉树，先序序列都为 ABC。如图 6.14 所示的 5 棵二叉树，中序序列都为 ACB。如图 6.15 所示的 5 棵二叉树，后序序列都为 CBA。显然，仅由一个先序序列（或中序序列、后序序列），无法确定二叉树的树形。但是，如果同时知道一棵二叉树的先序序列和中序序列，或者同时知道中序序列和后序序列，就可以确定二叉树。

例如，先序序列是 ABC，中序序列是 ACB 的二叉树必定是图 6.13（c）所示的二叉树。类似地，中序序列是 ACB，后序序列是 CBA 的二叉树必定是图 6.15(c) 所示的二叉树。但是，同时知道先序序列和后序序列仍不能确定二叉树的树形，比如图 6.13（b）～图 6.15（d）所示的 4 棵二叉树先序序列都是 ABC，而后序序列都是 CBA。

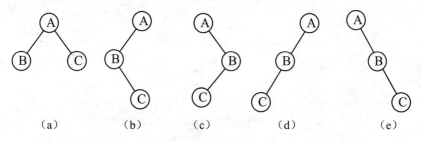

图 6.13　先序序列为 ABC 的 5 棵二叉树

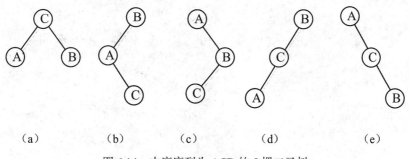

图 6.14　中序序列为 ACB 的 5 棵二叉树

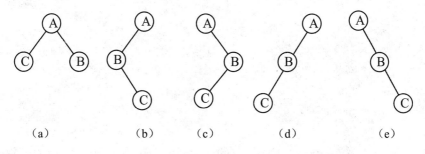

图 6.15　后序序列为 CBA 的 5 棵二叉树

先序的作用是确定一棵二叉树的根节点（序列最左端的结点为根）；中序序列的作

用是确定左、右子树的中序序列（包括确定其各自的节点个数），进而可以确定左、右子树的先序序列（以根为中心，根左边的即左子树结点，根右边的即右子树结点），以此类推。

定理1 任何 $n(n \geqslant 0)$ 个不同结点的二叉树都可由它的先序序列和中序序列唯一确定。

例如，已知先序序列为 ABDGCEF，中序序列为 DGBAECF，二叉树构造过程如图 6.16 所示。

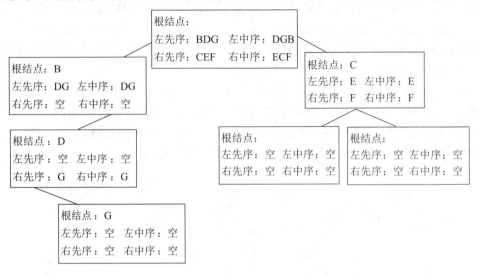

图 6.16 由先序序列和中序序列构造二叉树的过程

```
Node* CreateBT(char *pre,char *in,int n)
{   Node *b;
    char *p;
    int k;
    if (n<=0)
            return NULL;                        // 出错返回 0
    b=new Node();                               // 创建结点
    b->data=*pre;
    for (p=in;p<in+n;p++)                       // 在中序中找为 *pre 结点的位置 k
            if (*p==*pre)
        break;
    k=p-in;
    b->lchild=CreateBT(pre+1,in,k);             // 递归构造左子树
    b->rchild=CreateBT(pre+k+1,p+1,n-k-1);      // 构造右子树
    return b;                                   // 成功返回 1
}
```

定理2 任何有 n（$n>0$）个不同结点的二叉树，都可由它的中序序列和后序序列唯一确定。

实际上，对于根结点 a_k 的左、右子树，在确定左、右子树的子中序序列后，不需要确定左、右子树的整个子后序序列，只需确定子中序序列中全部字符在后序序列中最右边的字符即可，因为该字符就是子树的根结点，其示意图如图 6.17 所示。

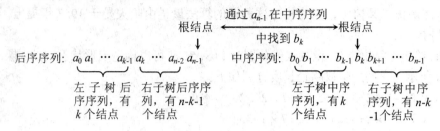

图 6.17 由中序序列和后序序列确定一棵二叉树

例如，已知中序序列为 DGBAECF，后序序列为 GDBEFCA，则对应的构造二叉树的过程如图 6.18 所示。

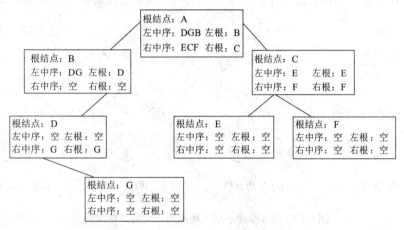

图 6.18 由后序序列和中序序列构造二叉树的过程

头脑风暴： 参考先序与中序遍历序列创建二叉树的算法，讨论如何根据后序与中序遍历序列创建二叉树。

6.2.3 哈夫曼树

6.2.3.1 哈夫曼树概述

在许多应用中，常常将树中的结点赋上一个有某种意义的数值，称此数值为该结点的权。从树根结点到该结点之间的路径长度与该结点上权的乘积称为结点的带权路径长度。树中所有叶子结点的带权路径长度之和称为该树的带权路径长度，通常记作：

$$WPL = \sum_{i=1}^{n} w_i l_i$$

其中，n 表示叶子结点的数目；w_i 和 l_i 分别表示叶子结点 k_i 的权值和根到 k_i 之间的路径长度（即从叶子结点到达根结点的分支数）。

在 n 个带权叶子结点构成的所有二叉树中，带权路径长度 WPL 最小的二叉树称为哈夫曼树（或最优二叉树），因为构造这种树的算法最早由哈夫曼于 1952 年提出，所以称为哈夫曼树。

例如，给定 4 个叶结点，设其权值分别为 1，3，5，7，可以构造出形状不同的 4 棵二叉树，如图 6.19 所示。它们的带权路径长度分别如下：

（a）WPL=$1 \times 2+3 \times 2+5 \times 2+7 \times 2=32$

（b）WPL=$1 \times 2+3 \times 3+5 \times 3+7 \times 1=33$

（c）WPL=$7 \times 3+5 \times 3+3 \times 2+1 \times 1=43$

（d）WPL=$1 \times 3+3 \times 3+5 \times 2+7 \times 1=29$

由此可见，对于一组具有确定权值的叶结点，可以构造出多个具有不同带权路径长度的二叉树，其中带权路径长度最小的二叉树即为哈夫曼树，又称最优二叉树，如图 6.19（d）所示。

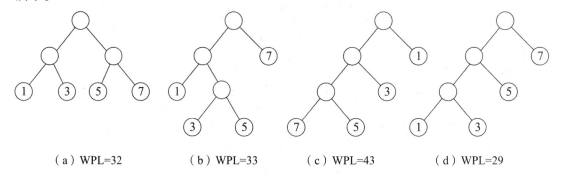

（a）WPL=32　　　　（b）WPL=33　　　　（c）WPL=43　　　　（d）WPL=29

图 6.19　由 4 个叶子结点构成的不同的带权二叉树

6.2.3.2　哈夫曼树的构造算法

给定 n 个权值，如何构造一棵 n 个带有给定权值的叶结点的二叉树，使其带权路径长度 WPL 最小？哈夫曼最早给出了一个带有一般规律的算法，称为哈夫曼算法。具体如下：

（1）根据给定的 n 个权值（$W_1,W_2,\cdots,W_n$），对应结点构成 n 棵二叉树的森林 $T=(T_1,T_2,\cdots,T_n)$，其中每棵二叉树 T_i（$1 \leqslant i \leqslant n$）中都只有一个带权值为 W_i 的根结点，其左、右子树均为空。

（2）在森林 T 中选取两棵结点的权值最小的子树分别作为左、右子树，构造一棵新的二叉树，且置新的二叉树的根结点的权值为其左、右子树上根结点的权值之和。

（3）在森林 T 中，用新得到的二叉树代替这两棵树。

（4）重复（2）和（3），直到 T 只含一棵树为止。这棵树便是哈夫曼树。

例如，假定仍采用给定权值 W=(1,3,5,7) 来构造一棵哈夫曼树。按照上述算法构造一棵哈夫曼树的过程，如图 6.20 所示，其中图 6.20（d）就是最后生成的哈夫曼树，其带权路径长度为 29。

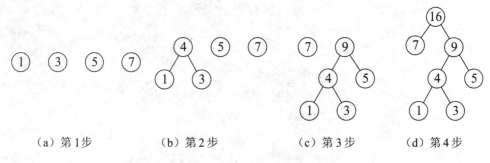

（a）第1步   （b）第2步   （c）第3步   （d）第4步

图 6.20 构造哈夫曼树的过程

定理 3 对于具有 n_0 个叶子结点的哈夫曼树，共有 $2n_0-1$ 个结点。

证明：在哈夫曼树中不存在度为 1 的结点，即 $n_1=0$。由二叉树的性质 1 可知 $n_0=n_2+1$，即 $n_2=n_0-1$，则 $n=n_0+n_1+n_2=n_0+n_2=n_0+n_0-1=2n_0-1$。

为了实现构造哈夫曼树的算法，设计哈夫曼树中每个结点类型如下：

```
typedef struct
{   char data;        //结点值
    float weight;     //权重
    int parent;       //双亲结点
    int lchild;       //左孩子结点
    int rchild;       //右孩子结点
} HTNode;
```

用 ht[] 数组存放哈夫曼树，对于具有 n 个叶子结点的哈夫曼树，共有 $2n-1$ 个结点。其算法思路是：n 个叶子结点（存放在 ht[0]~ht[n-1] 中）只有 data 和 weight 域值，先将所有 $2n-1$ 个结点的 parent、lchild 和 rchild 域置为初值 -1。处理每个非叶子结点 ht[i]（存放在 ht[n] ~ ht[2n-2] 中），从 ht[0] ~ ht[i-2] 中找出根结点（即其 parent 域为 -1）权值最小的两个结点 ht[lnode] 和 ht[rnode]，将它们作为 ht[i] 的左、右子树，将 ht[lnode] 和 ht[rnode] 的双亲结点置为 ht[i]，并且 ht[i].weight=ht[lnode].weight+ht[rnode].weight。如此循环，直到所有 $n-1$ 个非叶子结点处理完毕。构造哈夫曼树的算法如下：

```
void CreateHT(HTNode ht[],int n)
{   int i,j,k,lnode,rnode;
    float min1,min2;
    for (i=0;i<2*n-1;i++)                //所有结点的相关域置初值 -1
      ht[i].parent=ht[i].lchild=ht[i].rchild=-1;
    for (i=n;i<2*n-1;i++)                //构造哈夫曼树
    {   min1=min2=32767;
        lnode=rnode=-1;
        for (k=0;k<=i-1;k++)
```

```
            if (ht[k].parent==-1)          // 未构造二叉树的结点中查找
              { if (ht[k].weight<min1)
                {           min2=min1;
                            rnode=lnode;
                            min1=ht[k].weight;
                            lnode=k;
                }
                else if (ht[k].weight<min2)
                {   min2=ht[k].weight;
                    rnode=k;
                }
              }
        ht[lnode].parent=i;ht[rnode].parent=i;
        ht[i].weight=ht[lnode].weight+ht[rnode].weight;
        ht[i].lchild=lnode;ht[i].rchild=rnode;
    }
}
```

6.2.3.3 哈夫曼编码

1951 年，哈夫曼和 MIT 信息论专业的同学需要选择是完成学期报告还是期末考试。导师 Robert M. Fano 给他们的学期报告的题目是寻找最有效的二进制编码。由于无法证明哪个已有编码是最有效的，哈夫曼放弃对已有编码的研究，转向新的探索，最终发现了基于有序频率二叉树编码的想法，并很快证明了这个方法是最有效的。由于这个算法，学生终于青出于蓝，超过了他那曾经和信息论创立者香农共同研究过类似编码的导师。哈夫曼使用自底向上的方法构建二叉树，避免了次优算法 Shannon-Fano 编码的最大弊端，即自顶向下构建树。

1952 年，哈夫曼在麻省理工攻读博士时发表了《一种构建极小多余编码的方法》一文，文中称这种编码为 Huffman 编码。

哈夫曼树的应用很广，在不同的应用中叶子结点的值可以有不同的解释。当哈夫曼树应用到信息编码时，权值可看成是某个符号出现的频率；当应用到判定过程时，可看成是某类数据出现的频率；当应用到排序问题时，可看成是已排好次序而待合并的序列的长度等。

在数据通信中，经常需要将传送的文字转换为二进制字符 0 和 1 组成的二进制字符串，称该过程为编码。显然，希望电文编码的代码长度最短。哈夫曼树可用于构造使电文编码的代码长度最短的编码方案。具体构造方法如下：设需要编码的字符集合为 $\{d_1,d_2,\cdots,d_n\}$，各个字符在电文中出现的次数集合为 $\{w_1,w_2,\cdots,w_n\}$，以 $d_1,d_2,\cdots,d_n$ 作为叶子结点，以 $w_1,w_2,\cdots,w_n$ 作为各根结点到每个叶结点的权值构造一棵二叉树，规定哈夫曼树中的左分支为 0，右分支为 1，则从根结点到每个叶结点所经过的分支对应的 0 和 1 组成的序列便为该结点对应字符的编码。这样的编码称为哈夫曼编码。

哈夫曼编码的实质就是使用频率越高的采用越短的编码。为了实现构造哈夫曼编码的算法，设计存放每个结点哈夫曼编码的类型如下：

```
typedef struct
{
    char cd[N];          // 存放当前结点的哈夫曼码
    int start;           // 存放哈夫曼码在 cd 中的起始位置
}HCode;
```

由于哈夫曼树中每个叶子结点的哈夫曼编码长度不同，为此采用 HCode 类型变量的 cd[start] ~ cd[n] 存放当前结点的哈夫曼码，只需对叶子结点求哈夫曼编码。对于当前叶子结点 ht[i]，首先将对应的哈夫曼码 hch[i] 的 start 域值置初值 n，找其双亲结点 ht[f]，若当前结点是双亲结点的左孩子结点，则在 hcd[i] 的 cd 数组中添加 0；若当前结点是双亲结点的右孩子结点，则在 hcd[i] 的 cd 数组中添加 1；将 hcd[i].start 域减 1，然后对双亲结点进行同样的操作，如此循环，直到无双亲结点，即到达树根结点，最后让 start 指向哈夫曼编码最开始字符。

根据哈夫曼树求对应的哈夫曼编码的算法如下：

```
void CreateHCode(HTNode ht[],HCode hcd[],int n) // 根据哈夫曼树求哈夫曼编码
{   int i,f,c;
    HCode hc;
    for (i=0;i<n;i++)
    {
        hc.start=n;
        c=i;
        f=ht[i].parent;
        while (f!=-1)                      // 循环直到无双亲结点即到达树根结点
        {   if (ht[f].lchild==c)           // 当前结点是左孩子结点
              hc.cd[hc.start--]='0';
            else                           // 当前结点是双亲结点的右孩子结点
              hc.cd[hc.start--]='1';
            c=f;f=ht[f].parent;            // 再对双亲结点进行同样的操作
        }
        hc.start++;                        //start 指向哈夫曼编码最开始
        hcd[i]=hc;
    }
}
```

哈夫曼编码的平均长度 = $\sum_{i=1}^{n} d_i$ 的编码长度 $\times w_i$。

头脑风暴：参考本章例 6.8 以及 3.3.2 节中求迷宫的算法，采用回溯法（利用栈）可实现编码转换输出。讨论应如何实现。

【例 6.9】假定用于通信的电文，如 time tries truth，仅由 t、i、m、e、r、s、u、h 共 8 个字母组成，字母在电文中出现的频率之比为 4 : 2 : 1 : 2 : 2 : 1 : 1 : 1。请为这些字母设计哈夫曼编码。

构造哈夫曼树的过程如下：

（1）选择频率最低的 m 和 s 构造一棵二叉树，其根结点的权为 2，记为结点 n_1。

（2）选择频率低的 u 和 h 构造一棵二叉树，其根结点的权为 2，记为结点 n_2。

（3）选择频率低的 i 和 e 构造一棵二叉树，其根结点的权为 4，记为结点 n_3。

（4）选择频率低的 r 和 n_1 构造一棵二叉树，其根结点的权为 4，记为结点 n_4。

（5）选择频率低的 n_2 和 t 构造一棵二叉树，其根结点的权为 6，记为结点 n_5。

（6）选择频率低的 n_3 和 n_4 构造一棵二叉树，其根结点的权为 8，记为结点 n_6。

（7）选择频率低的 n_5 和 n_6 构造一棵二叉树，其根结点的权为 14，记为结点 n_7。

最后构造的哈夫曼树如图 6.21 所示（树中叶子结点用圆表示，其中的数字表示结点的频率），给所有的左分支加上 0，所有的右分支加上 1，从而得到各字母的哈夫曼编码如下：

t: 01   i:100   m:1110 e:101   r:110 s:1111 u: 000 h:001

哈夫曼编码平均长度 =$(4 \times 2+2 \times 3+1 \times 4+2 \times 3+2 \times 3+1 \times 4+1 \times 3+1 \times 3)/14$=2.86。

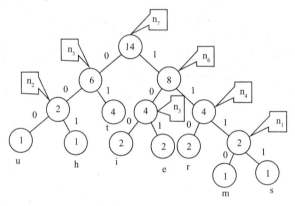

图 6.21　time tries truth 的哈夫曼树

6.3　案例问题解决

【算法思路】

（1）定义结点结构体，其中，data 用于存放字母；weight 表示权（即出现的频率）；parent 表示结点的父亲；lchild 和 rchild 分别表示结点的左、右孩子结点。

```
typedef struct
{   char data;
    float weight;
    int parent;
```

```
    int lchild;
    int rchild;
}HTNode;
```

（2）在主函数里定义一个存放数据的数组 HTNode ht[MaxSize]。

（3）定义函数 void InitHT(HTNode ht[],char data[],float weight[],int n)，用于初始化数组 ht。

（4）定义函数 void CreateHT(HTNode ht[],int n)，用于编码，将新产生的结点数组存放到 ht 中。

（5）定义函数 void Code(HTNode ht[],int n)，用于输出编码。利用栈，用回溯法打印每个字母的编码。

【源程序与分析】

```cpp
#include <iostream>
#include <stack>
#define MaxSize 30
using namespace std;
typedef struct
{
    char data;
    float weight;
    int parent;
    int lchild;
    int rchild;
}HTNode;

void Code(HTNode ht[],int n)
{
    stack<int> ss;                    // 用于回溯
    int f,c;                          //father,child
    cout<<endl;
    for(int i=0;i<n;i++){
            cout<<ht[i].data<<":\t";
            f=ht[i].parent;
            c=i;
            while(f!=-1){
                    if(c==ht[f].lchild)
                            ss.push(0);
                    else
                            ss.push(1);
```

```
                    c=f;
                    f=ht[c].parent;
            }
            while(!ss.empty())
            {
                    cout<<ss.top()<<" ";
                    ss.pop();
            }
            cout<<endl;
    }
}


void InitHT(HTNode ht[],char data[],float weight[],int n)
{
    int i;
    for( i=0;i<n;i++)
    {
            ht[i].weight=weight[i];
            ht[i].data=data[i];
    }
    for(i=0;i<2*n-1;i++)
            ht[i].parent=ht[i].lchild=ht[i].rchild=-1;

}


void CreateHT(HTNode ht[],int n)
{
    int i,k,lnode,rnode;
    float min1,min2;
    for(i=n;i<2*n-1;i++)                // 从 n 开始构造 HT
    {
            min1=min2=32767;            // 无穷大
            lnode=rnode=-1;
            for(k=0;k<=i-1;k++)         // 在 ht[] 中查找权最小的两个结点
                    if(ht[k].parent==-1)
                    {
                            if(ht[k].weight<min1)
                            {
                                    min2=min1;
                                    rnode=lnode;
                                    min1=ht[k].weight;
```

```
                                    lnode=k;
                            }
                            else if(ht[k].weight<min2)
                            {
                                    min2=ht[k].weight;
                                    rnode=k;
                            }
                    }
                    ht[i].weight=min1+min2;
                    ht[i].lchild=lnode;
                    ht[i].rchild=rnode;
                    ht[lnode].parent=ht[rnode].parent=i;
            }
    }

int main()
{
    HTNode ht[MaxSize];
    char data[]={'n','o','p','a','i','s','g'};
    float weight[]={4,2,1,2,2,2,1};            // 字母相应的频率比
    int n=7;
    InitHT(ht,data,weight,n);
    CreateHT(ht,n);
    Code(ht,n);
    return 0;
}
```

运行结果如图 6.22 所示。

图 6.22 运行结果

相对构造哈夫曼树，解压缩算法要简单得多，将输入缓冲区中的每个编码用对应的
ASCII 码逐个替换即可。

注意： 这里的输入缓冲区是一个包含每个 ASCII 值的编码的位流。因此，为了用 ASCII 值
替换编码，我们必须用位流搜索哈夫曼树，直到发现一个叶结点，然后将其 ASCII
值添加到输出缓冲区中。

6.4　知识与技能扩展——二叉树遍历非递归算法

1. 先序遍历非递归算法

先序遍历非递归算法有两种方法：一种算法是采用等价递归模型转换方法（称为第 1
种方法），是一种较为通用的将递归算法转化为非递归算法的方法；另一种算法是完全根
据先序遍历过程实现非递归算法（称为第 2 种方法），因此具有较强的针对性。

（1）第 1 种方法

由先序遍历的定义可知，其递归模型 f() 如下：

$$f(p)=\begin{cases} \text{不做任何事情，} & \text{若 p=NULL} \\ \text{输出 *p 结点的 data 域值；f(p->lchild)；f(p->rchild)，其他情况} \end{cases}$$

采用栈保存已扫描结点（这里扫描是指经由根结点找到该结点，访问是指输出该结点
的 data 域值，在先序遍历时，扫描和访问是等价的，在中序和后序遍历时，扫描不一定是
访问）的指针。因此栈结构为两个域：pt 用于保存已扫描结点的指针，tag=1 表示该结点
不能直接访问，tag=0 表示该结点可以访问。转换成非递归算法的过程如下：

先将（根结点指针,1）进栈；
while（栈不空）
{ if(栈顶元素未访问，即 St[top].tag==1)
　{　p=St[top].pt; 退栈；
　　 将 *p 结点的右孩子结点指针进栈，其 tag 值为 1;
　　 将 *p 结点的左孩子结点指针进栈，其 tag 值为 1;
　　 将 *p 结点指针进栈，其 tag 值为 0;
　 }
　else if(栈顶元素可直接访问，即 St[top].tag==0)
　　 访问栈顶元素并退栈；
}

对应的非递归算法如下：

```
void PreOrder1(BiTree *b)    //先序非递归遍历算法 1
{
    BiTree *p;
    struct
```

```
        {
                BiTree *pt;
                int tag;                            //1: 未访问，0: 可访问
        } St[MaxSize];
        int top=-1;
        top++;
         St[top].pt=b;St[top].tag=1;
        while (top>-1)                              //栈不空时循环
        {
                if (St[top].tag==1)                 // 不能直接访问的情况
                  {
                        p=St[top].pt;
                        top--;
                        if (p!=NULL)                // 其他情况下
                        {   top++;                  // 右孩子结点进栈
                            St[top].pt=p->rchild;
                            St[top].tag=1;
                            top++;                  // 左孩子结点进栈
                            St[top].pt=p->lchild;
                            St[top].tag=1;
                            top++;                  // 根结点进栈
                            St[top].pt=p;
                            St[top].tag=0;
                        }
                  }                                 //end of if (St[top].tag==1)
                if (St[top].tag==0)                 // 直接访问的情况
                {
                        cout<<St[top].pt->data;
                        top--;
                }
        }
}
```

（2）第 2 种方法（常规方法）

由先序遍历过程可知，先访问根结点，再访问左子树，最后访问右子树。因此，先将根结点进栈，在栈不空时循环，然后出栈 p，并访问 *p 结点，将其右孩子结点进栈，再将其左孩子结点进栈。对应的算法如下：

```
void PreOrder2(BiTree *b)                           // 先序非递归遍历算法 2
{
```

```
    BiTree *St[MaxSize],*p;
    int top=-1;
    if(b!=NULL)
    { top++;
       St[top]=b;                          //根结点入栈
       while (top>-1)                       //栈不为空时循环
       {  p=St[top];
          top--;                            //退栈并访问该结点
          cout<<p->data;
          if (p->rchild!=NULL)              //右孩子结点进栈
          {
                  top++;
                  St[top]=p->rchild;
          }
          if (p->lchild!=NULL)              //左孩子结点进栈
          {
                  top++;
                  St[top]=p->lchild;
          }
       }
       cout<<endl;
    }
}
```

2．中序遍历非递归算法

中序遍历非递归算法也有两种方法。

（1）第 1 种方法

由中序遍历的定义可知，其递归模型 f() 如下：

$$f(p)= \begin{cases} 不做任何事情, & 若\ p=NULL \\ f(p->lchild)；输出\ *p\ 结点的\ data\ 域值；f(p->rchild)，其他情况 \end{cases}$$

根据进栈的顺序不同，得到如下中序非递归遍历算法（具体思路可参见 PreOrder1()
算法）：

```
void InOrder1(BiTree *b)                    //中序非递归遍历算法 1
{
    BiTree *p;
    struct
    {       BiTree *pt;
            int tag;
```

```
    }St[MaxSize];
    int top=-1;
    top++;
    St[top].pt=b;
    St[top].tag=1;
    while(top>-1)                              // 栈不空时循环
    {
        if(St[top].tag==1)                     // 不能直接访问的情况
        {
            p=St[top].pt;
            top--;
            if(p!=NULL)
            {
                top++;              // 右孩子结点进栈
                St[top].pt=p->rchild;
                St[top].tag=1;
                top++;              // 根结点进栈
                St[top].pt=p;
                St[top].tag=0;
                top++;              // 左孩子结点进栈
                St[top].pt=p->lchild;
                St[top].tag=1;
            }
        }
        if(St[top].tag==0)                     // 直接访问的情况
        {
            cout<<St[top].pt->data;
            top--;
        }
    }
}
```

（2）第 2 种方法

由中序遍历过程可知，中序序列的开始结点是一棵二叉树的最左下结点，其基本思路是先找到二叉树的开始结点，访问它，再处理其右子树。由于二叉链中指针的链接是单向的，因此采用一个栈保存需要返回的结点指针。

算法过程是：用指针指向当前要处理的结点，先扫描（并非访问）根结点的所有左结点并将它们一一进栈，当无左结点时表示栈顶结点无左子树，然后出栈这个结点并访问它，将 p 指向刚出栈结点的右孩子结点，对右子树进行同样的处理。需要注意的是，当结点 *p 的所有左下结点进栈后，这时的栈顶结点要么没有左子树，要么其左子树已访问过，就可以访问该栈顶结点。如此循环，直到栈空为止。对应的算法如下：

```
void InOrder2(BiTree *b)                    // 中序非递归遍历算法 2
{  BiTree *St[MaxSize],*p;
   int top=-1;
   if(b!=NULL)
   {  p=b;
      while (top>-1 || p!=NULL)
      {
            while (p!=NULL)                 // 扫描 *p 的所有左结点并进栈
            {
                  top++;
                  St[top]=p;
                  p=p->lchild;
            }                 // 执行到此处时，栈顶元素没有左孩子结点或左子树均已访问过
            if (top>-1)
            {
                  p=St[top];                // 出栈 *p 结点
                  top--;
                  cout<<p->data;     // 访问
                  p=p->rchild;             // 扫描 *p 的右孩子结点
            }
      }                                    //end of while(top>-1 || p!=NULL)
      cout<<endl;
   }
}
```

显然，InOrderl () 和 PreOrderl () 两个算法的思路相同，而 InOrder2() 与 PreOrder2() 算法的思路相差甚远。

3．后序遍历非递归算法

如同先序遍历非递归算法一样，后序遍历也有两种方法。

（1）第 1 种方法

由后序遍历的定义可知，其递归模型 f() 如下：

$$f(p)= \begin{cases} 不做任何事情， & 若 p=NULL \\ f(p\text{->}lchild); \ f(p\text{->}rchild); 输出 *p 结点的 data 域值， & 其他情况 \end{cases}$$

根据进栈的顺序不同，得到如下后序非递归遍历算法（其思路参见前面的 PreOrderl() 算法）：

```
void PostOrderl(BiTree *b)                 // 后序非递归遍历算法 1
{
    BiTree *p;
    struct
    {
            BiTree *pt;
            int tag;
    }St[MaxSize];
    int top=-1;
    top++;
    St[top].pt=b;
      St[top].tag=l;
    while(top>-1)                          // 栈不空时循环
    {
        if(St[top].tag==1)                 // 不能直接访问的情况
        {
                p=St[top].pt;
                top--;
                if(p!=NULL)
                {
                    top++;                 // 根结点进栈
                    St[top].pt=p;
                    St[top].tag=0;
                    top++;                 // 右孩子结点进栈
                    St[top].pt=p->rchild;
                    St[top].tag=1;
                    top++;                 // 左孩子结点进栈
                    St[top].pt=p->lchild;
                    St[top].tag=1;
                }
        }
        if(St[top].tag==0)                 // 直接访问的情况
        {
                cout<<St[top].pt->data;
                top--;
        }
    }
}
```

（2）第 2 种方法

由后序遍历过程可知，采用一个栈保存需要返回的结点指针，先扫描根结点的所有左结点并一一进栈，出栈一个结点 *b，即当前结点，然后扫描该结点的右孩子结点并入栈，再扫描该右孩子结点的所有左结点并入栈。当一个结点的左、右孩子结点均访问后再访问该结点，如此循环，直到栈空为止。

如何判断一个结点 *b 的右孩子结点已访问过是难点，为此用 p 保存刚刚访问过的结点（初值为 NULL），若 b->rchild==p 成立（在后序遍历中，*b 的右孩子结点一定刚好在 *b 之前访问），说明 *b 的左、右子树均已访问，现在应访问 *b。

从上述过程可知，栈中保存的是当前结点 *b 的所有祖先结点（均未访问过）。对应的算法如下：

```
void PostOrder2(BiTree *b)                    // 后序非递归遍历算法 2
{
    BiTree *St[MaxSize];
    BiTree *p;
    int flag,top=-1;                          // 栈指针置初值
    if(b!=NULL)
    {
        do
        {
            while (b!=NULL)                   // 将 *b 的所有左结点进栈
            {
                top++;
                St[top]=b;
                b=b->lchild;
            }                                 // 执行到此处时，栈顶元素没有左孩子或左子树均已
被访问过
            p=NULL;                           //p 指向栈顶结点的前一个已访问的结点
            flag=1;                           // 设置 b 的访问标记为已访问过
            while (top!=-1 && flag==1)
            {
                b=St[top];                    // 取出当前的栈顶元素
                if (b->rchild==p)
                {
                    cout<<b->data;            // 访问 *b 结点
                    top--;
                    p=b;                      //p 指向则被访问的结点
                }
                else
                {
```

```
                        b=b->rchild;            //b 指向右孩子结点
                        flag=0;                 //设置未被访问的标记
                    }
                }
        } while (top!=-1);
        cout<<endl;
    }
}
```

课 后 习 题

一、单项选择题

1. 假设在一棵二叉树中，双分支结点数为 15，单分支结点数为 30，则叶子结点数为（　　　）。

A. 15　　　　　　　B. 16　　　　　　　C. 17　　　　　　　D. 47

2. 在一棵二叉树上第 4 层的结点数最多为（　　　）。

A. 2　　　　　　　B. 4　　　　　　　C. 6　　　　　　　D. 8

3. 用顺序存储的方法将完全二叉树中的所有结点逐层存放在数组 R[1..n] 中，结点 R[i] 若有左孩子，其左孩子结点的编号为结点（　　　）。

A. R[2i+1]　　　　B. R[2i]　　　　　C. R[i/2]　　　　　D. R[2i-1]

4. 由权值分别为 3,8,6,2,5 的叶子结点生成一棵哈夫曼树，其带权路径长度为（　　　）。

A. 24　　　　　　　B. 48　　　　　　　C. 72　　　　　　　D. 53

5. 任何一棵二叉树的叶子结点在先序、中序和后序遍历序列中的相对次序（　　　）。

A. 不发生改变　　　　　　　　B. 发生改变

C. 不能确定　　　　　　　　　D. 以上都不对

6. 已知一棵完全二叉树的结点总数为 9 个，则最后一层的结点数为（　　　）。

A. 1　　　　　　　B. 2　　　　　　　C. 3　　　　　　　D. 4

7. 根据先序序列 ABDC 和中序序列 DBAC 确定对应的二叉树，该二叉树（　　　）。

A. 是完全二叉树　　　　　　　B. 不是完全二叉树

C. 是满二叉树　　　　　　　　D. 不是满二叉树

二、填空题

1. 设 F 是一个森林，B 是由 F 转换得到的二叉树，F 中有 n 个非终端结点，则 B 中右指针域为空的结点有_____个。

2. 由带权为 3,9,6,2,5 的 5 个叶子结点构成一棵哈夫曼树，则带权路径长度为_____。

3. 在一棵二叉排序树上按_____遍历得到的结点序列是一个有序序列。

4. 对于一棵具有 n 个结点的二叉树，当进行链接存储时，其二叉链表中的指针域的总数为_____个，其中_____个用于链接孩子结点，_____个空闲。

5. 由 3 个结点构成的二叉树，共有_____种不同的形态。

上 机 实 战

1. 有一行字符 a gray tray ，现要按照哈夫曼算法对其进行编码。请实现如下过程：

（1）写出每个字母相对应的权值。

（2）编写程序构造一棵相应的哈夫曼树。

（3）打印出每个字母对应的哈夫曼编码。

2. 给定一棵用二叉链表表示的二叉树，其中的指针 t 指向根结点，试写出从根开始，按层次遍历二叉树的算法，同层的结点按从左至右的次序访问。

课堂微博：

第 **7** 章

图

开场白

小时候我们都玩过"一笔画"游戏，即用一笔画成一个图形，如五角星。但有些图只用一笔是画不出来的。哪些图不能一笔而成呢？事实上这个问题几百年前就有数学家用图解决了。

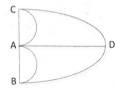

1736 年，数学家欧拉（Euler）访问 Konigsberg 城时，发现当地的市民正进行一项非常有趣的消遣活动。Konigsberg 城中有一条名叫 Pregel 的河流横经其中，河上有七座桥。这项有趣的消遣活动是在星期六作一次走过所有七座桥的散步，每座桥只能经过一次而且起点与终点必须是同一地点。

问题提出后，很多人对此很感兴趣，纷纷进行试验，但在相当长的时间里，始终未能解决。每座桥均走一次，那这七座桥所有的走法一共有5040种，而这么多情况，要一一试验，将是很大的工作量。怎么才能找到成功走过每座桥而不重复的路线呢？这就是著名的"哥尼斯堡七桥问题"。当时欧拉将河岸和桥抽象为点和边，从而形成图。这是最早有记载的用图来解决实际问题的记录。欧拉通过对该抽象图的研究得出结论：一笔画的重要条件是"度为奇数的顶点数不是 0 就是 2"。

日常生活中，许多类似问题都与图密切相关，如病毒传播动态过程的仿真、综合布线的最短代价、工程决策等问题，都可以通过图的相关算法来得以解决。

7.1　案例提出——道路畅通与伤员急救问题的解决

案例一："畅通工程"问题

【案例描述】

省政府"畅通工程"的目标是使全省任何两个村庄间都可以实现公路交通（但不一定有直接的公路相连，只要能间接通过公路可达即可）。经过调查评估，得到的统计表中列出了有可能建设公路的若干条道路的成本。现请你编写程序，计算出全省畅通需要的最低成本。（2007 年浙江大学计算机研究生复试上机考试题）

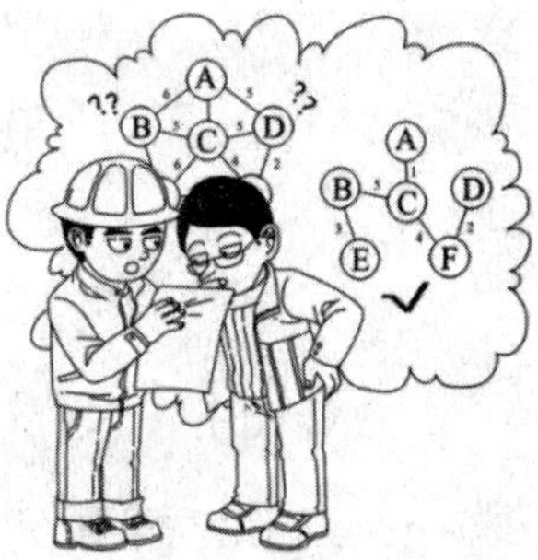

【案例说明】

（1）村庄数目 MAXV =6，村庄从 0 到 MAXV-1 进行编号。

（2）随后的 MAXV 行对应村庄间道路的成本（单位为万元），INF（999，表示无穷大）表示两个村庄无直接相通的道路。数据如下所示：

INF	16	20	19	INF	INF
16	INF	11	INF	6	5
20	11	INF	22	14	INF
19	INF	22	INF	18	INF
INF	6	14	18	INF	9
INF	5	INF	INF	9	INF

（3）输出结果如图 7.1 所示，最低成本为 56 万元。

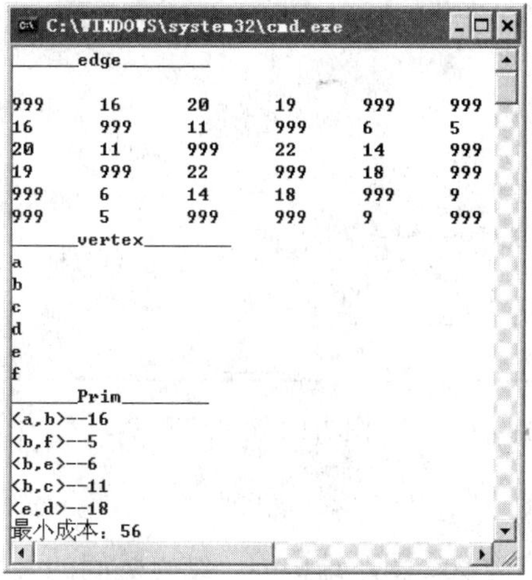
```
C:\WINDOWS\system32\cmd.exe
_______edge_________

999     16      20      19      999     999
16      999     11      999     6       5
20      11      999     22      14      999
19      999     22      999     18      999
999     6       14      18      999     9
999     5       999     999     9       999
_______vertex________
a
b
c
d
e
f
_______Prim_________
<a,b>--16
<b,f>--5
<b,e>--6
<b,c>--11
<e,d>--18
最小成本：56
```

图 7.1　输出结果

【案例目的】

学会用图的知识解决实际问题。本案例主要是学会创建图并掌握用 Prim 算法解决连通问题。

案例二：伤员急救路线

【案例描述】

某城市地震后，有大量伤员急需运送到其他指定城市进行抢救和医治。如果以时间为代价，如何确定送往路线和最少运送时间？

【案例说明】

（1）有 a,b,c,d,e,f,g 共 7 个城市，分别以 0~VN-1 进行编号，震源为 a 城市。

（2）城市之间运送时间用矩阵表示如下，其中 INF 表示无穷大。

0	10	2	INF	INF	INF	INF
10	0	INF	INF	1	INF	INF
2	INF	0	2	INF	11	INF
INF	INF	2	0	4	6	INF
INF	1	INF	4	0	INF	7
INF	INF	11	6	INF	0	3
INF	INF	INF	INF	7	3	0

（3）输出结果如图 7.2 所示。

【案例目的】

学会用图的知识解决实际问题。本案例主要是学会创建图并掌握用迪杰斯特拉（Dijkstra）算法解决最短路径问题。

图 7.2　输出结果

【数据结构分析】

图是一种网状的数据结构。在图形结构中，结点之间的关系可以是任意的，即图中任何两个数据元素之间都可能相关。许多学科，如运筹学、信息论、控制论、语言学、逻辑学、网络理论、博弈论、化学、生物学、电讯工程、计算机科学等，都以图作为工具来解决理论和实际问题。

例如，研究多种病毒感染的路径、村村通工程的最佳方案、城市水管布局的最小成本等问题，都可借助图来得以解决，以至于形成一门学科——图论。

7.2　知识点学习

本章主要讨论在计算机中图的存储方法及图的基本操作的相关算法，主要包括图的遍历、最小生成树、拓扑排序及最短路径等。

7.2.1　图的基本概念

图由顶点的有穷非空集合 V 和顶点的偶对（边）集合 E 组成，记为 $G=(V,E)$。下面介绍图的常用术语。

1. 图的定义

● 顶点：图中的数据元素。设数据元素的集合用 V（Vertex）表示。

● 弧：设两个顶点之间的关系的集合用 VR（Vertex Relationship）表示，若有 $v,w \in V$，$<v,w> \in VR$，则 $<v,w>$ 表示从 v 到 w 的一条弧（Arc），且称 v 为弧尾（Tail），w 为弧头（Head），此时的图称为有向图（Digraph）。如图 7.3（a）所示的图 G_1 即为有向图。注意：$<v,w>$ 和 $<w,v>$ 代表不同的弧。

● 边：若 $<v,w> \in VR$ 必有 $<w,v> \in VR$，即 VR 是对称的，则用无序对（v,w）代替有序对，表示 v 和 w 之间的一条边（Edge）。此时的图称为无向图（Undigraph）。如图 7.3（b）所示的图 G_2 即为无向图。常用二元组 $G=(V,A)$ 表示有向图，其中 $V = \{v_1, v_2, \cdots, v_n\}$，$A = \{<v_1,v_2>, <v_1,v_3>, \cdots <v_{n-1},v_n>\}$；二元组 $G=(V,E)$ 可以表示无向图，其中 $E = \{(v_1,v_2), (v_1,v_3), \cdots,(v_{n-1},v_n)\}$。则 G_1 和 G_2 表示如下：

$$G_1 = (V_1, A_1) \qquad\qquad G_2 = (V_2, E_2)$$

$$V_1 = \{A,B,C,D\} \qquad\qquad V_2 = \{A,B,C,D\}$$

$$A_1 = \{<A,B>,<A,C>,<C,D>,<D,A>\} \qquad E_2 = \{(A,B),(A,C),(A,D),(C,D)\}$$

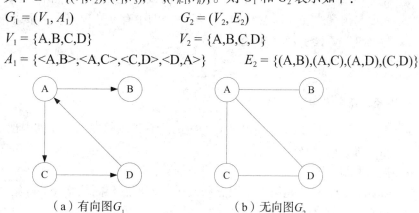

（a）有向图 G_1　　　　　　（b）无向图 G_2

图 7.3　有向图和无向图

通常不考虑以下 3 种情况：

（1）顶点到其自身的弧或边。

（2）边的集合中出现相同的边。

（3）同一图中既有有向边又有无向边。

● 完全图：若无向图中的每两个顶点之间都存在着一条边，有向图中的每两个顶点之间都存在着方向相反的两条边，则称此图为完全图。显然，完全无向图包含有 $n(n-1)/2$ 条边，完全有向图包含有 $n(n-1)$ 条边。

● 稠密图、稀疏图：当一个图接近完全图时，则称为稠密图。相反，当一个图含有较少的边数（即当 $e \ll n(n-1)$ 时），则称为稀疏图。

● 权和网：图中每一条边都可以附有一个对应的数值，这种与边相关的数值称为权。权可以表示从一个顶点到另一个顶点的距离或花费的代价。边上带有权的图称为带权图，也称做网。如图 7.4 所示有向网 G_3。

● 子图：设有两个图 $G=(V,E)$ 和 $G'=(V',E')$，若 V' 是 V 的子集，即 $V' \subseteq V$，且 E' 是 E 的子集，即 $E' \subseteq E$，则称 G' 是 G 的子图。如图 7.5 所示为 G_1 的部分子图。

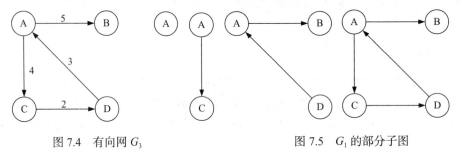

图 7.4　有向网 G_3　　　　　　　　图 7.5　G_1 的部分子图

2．邻接点、顶点的度

● 邻接点：对于无向图 $G = (V,E)$，如果边 $(v_i, v_j) \in E$，则称顶点 v_i 和 v_j 互为邻接点（Adjacent）；边 (v_i, v_j) 依附于顶点 v_i 和 v_j，或者说，v_i 和 v_j 相关联。

● 顶点的度：和顶点相关联的边的数目。在有向图中，以顶点 v_i 为弧尾的弧的数目称为顶点 v_i 的出度，以顶点 v_i 为弧头的弧的数目称为顶点 v_i 的入度，顶点 v_i 的入度与出度之和为顶点 v_i 的度。若一个图中有 n 个顶点和 e 条边，每个顶点的度为 d_i（$1 \leqslant i \leqslant n$），则有：

$$e = \frac{1}{2} \sum_{i=1}^{n} d_i \tag{7.1}$$

3．路径、路径长度、回路

● 路径：图中从顶点 v_i 到顶点 v_j 经过的所有顶点的序列。序列中顶点不重复出现的路径称为简单路径。

● 路径长度：指一条路径上经过的边的数目。

● 回路：也称环，是第一个顶点和最后一个顶点相同的路径。除第一个和最后一个顶点外，其余顶点不重复出现的路径称为简单回路或环。

4．连通图、连通分量、强连通图、强连通分量和生成树

● 连通图：在无向图 G 中，若从顶点 v_i 到顶点 v_j 有路径，则称 v_i 和 v_j 是连通的。若图 G 中任意两个顶点都连通，则称 G 为连通图，如图 7.3（b）所示图 G_2；否则称为非连通图，如图 7.6（a）所示图 G_4。

● 连通分量：无向图 G 中的极大连通子图称为 G 的连通分量。任何连通图的连通分量只有一个，即本身，而非连通图有多个连通分量，如图 7.6（b）所示为图 G_4

的 3 个连通分量。

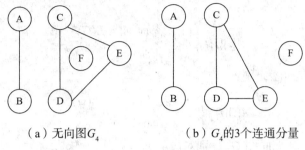

（a）无向图G_4　　　　　　（b）G_4的3个连通分量

图 7.6　无向图及其连通分量

● 强连通图：在有向图 G 中，若从顶点 v_i 到顶点 v_j 有路径，则称 v_i 和 v_j 是连通的。若图 G 中的任意两个顶点 v_i 和 v_j 都连通，即从 v_i 到 v_j 和从 v_j 到 v_i 都存在路径，则称图 G 是强连通图。

● 强连通分量：有向图 G 中的极大强连通子图称为 G 的强连通分量。强连通图只有一个强连通分量，即其本身；非强连通图有多个强连通分量。G_1 的两个强连通分量如图 7.7 所示。

● 生成树：是连通图的一个极小连通子图，它含有图中的全部 n 个顶点，但只有足以构成一棵树的 n-1 条边。如图 7.8 所示为 G_2 的两棵生成树。在生成树中，只要再增加一条边，就会出现环。但是，有 n-1 条边的图却不一定是生成树。所有树可以看成是图的特例。

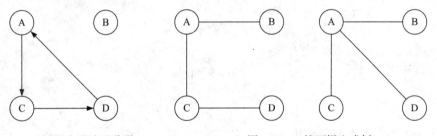

图 7.7　G_1 的两个强连通分量　　　　图 7.8　G_2 的两棵生成树

【例 7.1】有 n 个顶点的连通图最多需要多少条边？最少需要多少条边？

答：有 n 个顶点的连通图最多有 $n(n-1)/2$ 条边（构成一个无向完全图的情况），最少有 n-1 条边。

7.2.2　图的存储结构

图的结构比较复杂，任意两个顶点之间都可能存在联系，因此无法以数据元素在存储区的物理位置来表示图中元素之间的逻辑关系。图的存储结构除了要存储图中各个顶点本身的信息外，还要存储顶点与顶点之间的所有关系。图的常用存储结构有邻接矩阵和邻接表。

7.2.2.1　邻接矩阵

邻接矩阵是用一个二维数组表示 n 个顶点到 n 个顶点的关系。设 $G=(V,E)$ 是具有 n（$n>0$）

个顶点的图，顶点的顺序依次为 $(v_0, v_1, \cdots, v_{n-1})$，则 G 的邻接矩阵 $\boldsymbol{A}$ 是 n 阶方阵，其定义如下。

（1）如果 G 是无向图，则：

$$A[i][j] = \begin{cases} 1, & \text{若 } (v_i, v_j) \in E(G) \\ 0, & \text{其他} \end{cases}$$

（2）如果 G 是有向图，则：

$$A[i][j] = \begin{cases} 1, & \text{若 } \langle v_i, v_j \rangle \in E(G) \\ 0, & \text{其他} \end{cases}$$

例如，有向图 G_1 和无向图 G_2 分别对应的邻接矩阵为 $\boldsymbol{A}_1$，$\boldsymbol{A}_2$，如下所示。

$$\boldsymbol{A}_1 = \begin{bmatrix} 0 & 1 & 1 & 0 \\ 0 & 0 & 0 & 0 \\ 0 & 0 & 0 & 1 \\ 1 & 0 & 0 & 0 \end{bmatrix} \quad \boldsymbol{A}_2 = \begin{bmatrix} 0 & 1 & 1 & 1 \\ 1 & 0 & 0 & 0 \\ 1 & 0 & 0 & 1 \\ 1 & 0 & 1 & 0 \end{bmatrix}$$

无向图的邻接矩阵是对称矩阵，按照压缩存储的思想，在具体存放邻接矩阵时只需存放上（或下）三角形阵的元素即可。有向图的邻接矩阵一般来说是稀疏矩阵，因此当顶点较多时，可以采用三元组的方法来存储邻接矩阵。借助于邻接矩阵容易判定任意两个顶点之间是否有边（或弧）相连，并容易求得各个顶点的度：对于无向图，v_i 的度是邻接矩阵中第 i 行（或第 i 列）的元素之和；对于有向图，第 i 行的元素之和为顶点 v_i 的出度，第 i 列的元素之和为顶点 v_i 的入度。

（3）如果 G 是网，则：

$$A[i][j] = \begin{cases} w_i, & \text{若 } v_i \neq v_j \text{ 且 } (v_i, v_j) \in E(G) \text{ 或 } \langle v_i, v_j \rangle \in E(G) \\ 0, & v_i = v_j \\ \infty, & \text{其他} \end{cases}$$

如下所示为有向网 G_3 的邻接矩阵。

$$\boldsymbol{A}_3 = \begin{bmatrix} 0 & 5 & 4 & \infty \\ \infty & 0 & \infty & \infty \\ \infty & \infty & 0 & 7 \\ 3 & \infty & \infty & 0 \end{bmatrix}$$

邻接矩阵的数据类型定义如下：

```c
#define  MAXV 20
#define VN 4                              //顶点个数
typedef char InfoType;
typedef struct
{
    int no;                               //顶点编号
    InfoType info;                        //顶点其他信息
}VertexType;                              //顶点类型
typedef struct                           //图的定义
{
    int edges[MAXV][MAXV];               //邻接矩阵边的数组
    int n,e;                             //顶点数，边数
```

```
    VertexType vexs[MAXV];                       // 存放顶点信息
}MGraph;
```

【例 7.2】根据给定的边和顶点的信息，建立邻接矩阵，并输出该图的邻接矩阵信息。

依据题目要求，采用邻接矩阵的存储结构来存储图的信息。在程序中定义两个函数来实现，CreateGraph(int edge[VN][VN],char ver[VN]) 函数根据用户输入的顶点和边所对应的顶点信息，来创建其对应的邻接矩阵；Output(MGraph mg) 函数用来输出顶点信息和边的信息。完整程序代码如下：

```
void  CreateGraph(MGraph &mg ,int edge[VN][VN],char ver[VN])
{
    int i,j,k=0;
    mg.n=VN;
    for(i=0;i<mg.n;i++)
    {
            mg.vexs[i].no=i;                  // 顶点编号
            mg.vexs[i].info=ver[i];           // 顶点其他信息
            for(j=0;j<mg.n;j++)
            {
                    mg.edges[i][j]=edge[i][j];
                    if(edge[i][j]!=0&&edge[i][j]!=-1)
                            k++;              // 统计边数
            }
    }
    mg.e=k;
}
void Output(MGraph mg)
{
    int i,j;
    cout<<" 共有 "<<mg.n<<" 个顶点: "<<endl;
    for(i=0;i<mg.n;i++)
            cout<<" 顶点编号: "<<mg.vexs[i].no<<" 顶点信息: "<<mg.vexs[i].info<<endl;
    cout<<"\n 共有 "<<mg.e<<" 条边: "<<endl;
    for(i=0;i<mg.n;i++)
    {
            for(j=0;j<mg.n;j++)
                if(mg.edges[i][j]!=-1&&mg.edges[i][j]!=0)
                    cout<<mg.vexs[i].info<<"-"<<mg.vexs[j].info<<" 权为: "<<mg.edges[i][j]<<endl;
    }
    cout<<endl;
```

```
}

void main()
{
    MGraph mg;
    int edge[VN][VN]={{0,1,-1,4},{-1,0,9,2},{3,5,0,8},{-1,-1,6,0}};
    char ver[]={'a','b','c','d'};
    mg=CreateGraph(mg,edge,ver);
    Output(mg);
}
```

程序运行结果如图 7.9 所示。

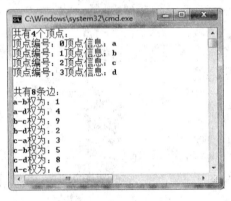

图 7.9 邻接矩阵程序运行结果

7.2.2.2 邻接表

邻接表（Adjacency List）是图的一种顺序存储和链式存储相结合的存储方式。在邻接表中，对图中每个顶点建立一个单链表，第 i 个单链表中的结点表示依附于顶点 v_i 的边（对有向图是以顶点 v_i 为尾的弧）。

| adjvex | nextarc | info |

表结点

| data | firstarc |

表头结点

邻接表由表结点和表头结点组成，其结构如下：通常每个表结点有三个域，一是邻接点域（adjvex），用以存放与结点 v_i 相邻接的结点在图中的位置；二是链域（nextarc），用以指向依附于顶点 v_i 的下一条边所对应的结点；三是数据域（info），用以存储边或弧相关的信息，如权值。在表头结点中，除有存储顶点 v_i 的名称或其他有关信息的数据域（data）外，还设有链域（firstarc）用来指向链表中第一个结点；表头结点以顺序结构的形式存储，可随机访问任一顶点的链表。图 7.10 为图 G_1 和图 G_2 的邻接表。

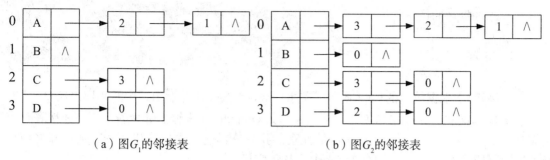

（a）图 G_1 的邻接表 　　　　　　（b）图 G_2 的邻接表

图 7.10　邻接表

对于有 n 个顶点和 e 条边的无向图，其邻接表需 n 个表头结点和 $2e$ 个表结点。在边稀疏（$e<<n(n-1)/2$）的情况下，用邻接表表示图比邻接矩阵要节省存储空间。在无向图的邻接表中第 i 个链表中的结点个数恰好为顶点 v_i 的度，而在有向图的邻接表中，第 i 个链表中的结点个数只是顶点 v_i 的出度，要求结点的入度，则必须遍历整个邻接表。为了便于确定顶点的入度或以顶点 v_i 为头的弧，可以建立逆邻接表，即对每个顶点 v_i 建立一个以 v_i 为头的边的邻接表。如图 7.11 所示为图 G_1 的逆邻接表。

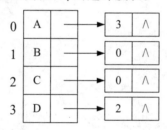

图 7.11　图 G_1 的逆邻接表

图的邻接表存储结构定义为：

```
#define InfoType int                      // 边的权值
#define Vertex char                       // 顶点的信息
typedef struct ANode                      // 弧的结点结构类型
{
        int adjvex;                       // 该弧的终点位置
        struct ANode *nextarc;            // 指向下一条弧的指针
        InfoType info;                    // 该弧的相关信息
}ArcNode;
typedef struct Vnode                      // 邻接表头结点的类型
{
    VertexType data;                      // 顶点信息
    ArcNode *firstarc;                    // 指向第一条弧
}VNode;
typedef struct
{
```

```
    VNode vertex[MAXV];                                    // 顶点数组
    int n,e;                                               // 图中顶点数 n 和边数 e
}ALGraph;
```

【例 7.3】根据给定的弧和顶点的信息，建立邻接表，并输出该图的邻接表信息。

函数 CreateGraph() 用来创建邻接表，函数 Output() 用来输出邻接表。创建邻接表时，先在弧的二维数组上查找值不为 -1 的元素，找到这样的元素后创建一个表结点并将该结点采用尾插法插入对应结点的单链表中，其程序代码如下：

```
void CreateGraph(ALGraph &adjGraph,InfoType arcWeight[MAXV][MAXV],Vertex verInfo[MAXV])
{
    ANode *q=NULL;
    adjGraph.n=MAXV;
    int e=0;
    for(int i=0;i<adjGraph.n;i++)
    {
        adjGraph.vertex[i].data=verInfo[i];
        adjGraph.vertex[i].firstarc=NULL;
        for(int j=0;j<MAXV;j++)
        {
            if (arcWeight[i][j]!=-1&&arcWeight[i][j]!=0)
            {
                e++;
                ArcNode *p=new ArcNode();
                p->adjvex=j;
                p->info=arcWeight[i][j];
                p->nextarc=NULL;
                if (adjGraph.vertex[i].firstarc==NULL)// 尾插入法
                    adjGraph.vertex[i].firstarc=p;
                else{
                    q=adjGraph.vertex[i].firstarc;
                    while(q->nextarc!=NULL)
                        q=q->nextarc;
                    q->nextarc=p;
                }
            }
        }
    }
    adjGraph.e=e;
}
```

```
void Output(ALGraph adjGraph){
    ArcNode *q=NULL;
    for(int i=0;i<adjGraph.n;i++)
    {
            cout<<adjGraph.vertex[i].data;
            q=adjGraph.vertex[i].firstarc;
            while(q!=NULL){
                    cout<<"->";
                    cout<<"|"<<q->adjvex<<"|"<<q->info<<"|";
                    q=q->nextarc;
            }
            cout<<endl;
    }
}
int main()
{
    int arcWeight[MAXV][MAXV]={{0 ,1 ,-1,4},{-1,0 ,9 ,2};{3 ,5 ,0 ,8},{-1,-1,6 ,0}};
    Vertex verInfo[]={'A','B','C','D'};
    ALGraph adjGraph;
    CreateGraph(adjGraph,arcWeight,verInfo);
    Output(adjGraph);
    cout<<endl;
    return 0;
}
```

程序运行结果如图 7.12 所示。

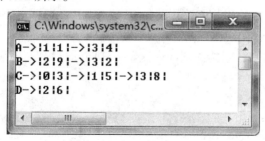

图 7.12　邻接表程序运行结果

7.2.3　图的遍历

从给定图中任意指定的顶点出发，按照某种搜索方法，沿着图的边访问图中所有的顶点，使得图中每个顶点都被访问且只被访问一次，这个过程称为图的遍历。图的遍历算法是求解图的连通性问题、拓扑问题和关键路径等算法的基础。图的遍历通常有两种方法：深度优先搜索（Depth First Search）和广度优先搜索（Breadth First Search）。

7.2.3.1 深度优先搜索

深度优先搜索遍历类似于树的先根遍历，是树的先根遍历的推广。假设初始状态是图中所有顶点都未被访问，则深度优先搜索可从图中某个顶点 v 出发，访问此顶点，然后依次从 v 的未被访问的邻接点出发深度优先遍历图，直至所有与 v 有通路的顶点都被访问。若此时图中还有顶点未被访问，则另选图中未被访问的顶点作起点，重复上述过程，直到图中所有顶点都被访问为止。

以图 7.13 所示的无向图 G_5 为例，假设从顶点 A 出发进行深度优先搜索遍历，访问顶点 A 之后，选择其邻接点 B，由于顶点 B 未被访问过，则从 B 出发进行深度优先搜索。依此类推，访问 D、H、E，访问顶点 E 之后，由于其所有的邻接点均已被访问，则搜索回到顶点 H，再继续选择 H 未被访问的邻接点 F，然后从 F 出发，依次访问 C、G。因此，无向图 G_5 的深度优先搜索序列为 ABDHEFCG。

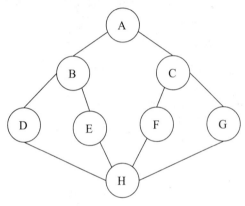

图 7.13　无向图 G_5

为判断顶点是否被访问过，可设标志数组 visited[]：若顶点 i 未被访问过，则 visited[i]=0；反之，visited[i]=1。

由上述遍历过程可知，图的深度优先搜索是递归的过程，其算法描述如下：

```
DFS(v0)
{
    访问 v0 顶点;
    visited[v0]=1;
    对所有与 v0 相邻接的顶点 w
    if (visited[w]==0)
            DFS(w);
}
```

从遍历算法来看，遍历图的过程实际上是通过边或弧找邻接点的过程，因此算法的时间复杂度取决于所采取的存储结构。当用邻接矩阵作存储结构时，查找所有顶点的邻接点的时间复杂度为 $O(n^2)$；而用邻接表作存储结构时，时间复杂度为 $O(n+e)$，其中 e 为无向图的边数或有向图的弧数。

以邻接表为存储结构的深度优先搜索遍历函数代码如下：

```
void DFS(ALGraph G,int v)
{
    ArcNode *p;
    cout<<G.vertex[v].data<<"\t";//v
    visited[v]=1;
    p=G.vertex[v].firstarc;
    while(p!=NULL)
    {
            if(visited[p->adjvex]==0)
                    DFS(G,p->adjvex);
            p=p->nextarc;
    }
}
```

7.2.3.2　广度优先搜索

广度优先搜索遍历类似于树的按层次遍历的过程。假设从图中某个顶点 v 出发，在访问了 v 之后，依次访问 v 的各个未曾访问过的邻接点，并保证"先被访问的顶点的邻接点"要先于"后被访问的顶点的邻接点"被访问，直至图中所有已被访问的顶点的邻接点都被访问。若此时图中还有未被访问的顶点，则任选其中之一作为起点，重新开始上述过程，直至图中所有顶点都被访问。对于无向图 G_5，仍从顶点 A 出发，采用广度优先搜索得到的序列是 ABCDEFGH。

广度优先搜索遍历不是递归过程，不能用递归形式。可用队列先进先出的特性来保证先搜索相邻的顶点，再由相邻顶点向外搜索其个别相邻顶点，其算法描述如下：

```
BFS(v0)
{
    访问 v0 顶点;
    visited[v0]=1;
    被访问过的顶点入队
    当队列非空时，进行下面的循环
    {（1）被访问过的顶点出队
       （2）对所有与该顶点相邻接的顶点 w
       if (visited[w]==0)
       {
```

```
        (a) 访问 w 顶点 ;
        (b)visited[w]=1;
        (c)w 入队 ;
      }
    }
}
```

广度优先搜索遍历的函数代码如下：

```
void BFS(ALGraph G,int v)
{
    ArcNode *p;
    queue<int> que;
    int w,i;
    visited[v]=1;
    que.push(v);
    while(!que.empty())
    {
        w=que.front();
        que.pop();
        cout<<G.vertex[w].data<<"\t";
        p=G.vertex[w].firstarc;
        while(p!=NULL)
        {
            if(visited[p->adjvex]==0)
            {
                visited[p->adjvex]=1;
                que.push(p->adjvex);
            }
            p=p->nextarc;
        }
    }
    cout<<endl;
}
```

　　分析上述算法，每个顶点至多进一次队列。遍历图的过程实际上是通过边或弧找邻接点的过程，因此，广度优先搜索遍历方法和深度优先搜索遍历方法的时间复杂度相同，两者不同之处仅在于对顶点访问的顺序不同。

　　头脑风暴：请结合前面图的构造程序，讨论用邻接矩阵和邻接表分别输出图的广度优先和深度优先序列，并上机实现。其中，广度优先建议用 queue 类实现。

7.2.4 最小生成树

一个具有 n 个顶点的无向图，其生成树是指能以 n-1 条边来连接图中所有顶点而不会产生回路的子图。

7.2.4.1 图的连通性和生成树

对于连通图 $G=(V,E)$，$E(G)$ 是图 G 所有边的集合，$V(G)$ 是图 G 所有顶点的集合，若图 G 有 n 个顶点，$V(G)$ 中 n 个顶点和 $E(G)$ 中 n-1 条边构成的图为图 G 的生成树。无向图 G_5 以深度优先搜索（DFS）遍历获得的生成树如图 7.14（a）所示，广度优先搜索（BFS）遍历得到的生成树如图 7.14（b）所示。由此可见，一个连通图所对应的生成树不是唯一的。

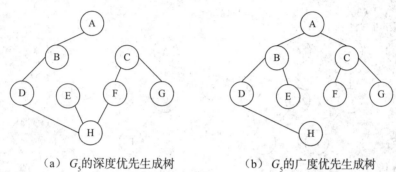

（a） G_5 的深度优先生成树   （b） G_5 的广度优先生成树

图 7.14　图 G_5 的生成树

7.2.4.2 最小生成树

一个带权连通无向图 G 中的所有生成树中边上权值之和最小的树称为图的最小生成树。如何找出一个网的最小生成树具有现实意义。例如，图 7.15（a）所示的网代表 6 个城市间的交通图，边上的权是公路的造价，现要将 6 个城市连接起来，至少需要修筑 5 条公路，要使 5 条公路的总造价最小，就是求图的最小生成树的问题。常见的求最小生成树的方法有两个：普里姆算法和克鲁斯卡尔算法。

1. 普里姆（Prim）算法

普里姆算法是一种构造性算法，是从顶点的角度入手。假设 $G=(V,E)$ 是一个具有 n 个顶点的带权连通无向图，$T=(U,TE)$ 是 G 的最小生成树，其中 U 是 T 的顶点集，TE 是 T 的边集，则由 G 构造最小生成树 T 的步骤为：$V=\{v_1,v_2,v_3,\cdots,v_n\}$，起初设置 $U=\{v_1\}$，U 和 V 是两个顶点的集合，然后从 V-U 集合中找一顶点，能与集合 U 中的某顶点形成最小代价的边，把这一顶点加入 U 集合，继续此步骤，直到 U 集合等于 V 为止。如图 7.15 所示描述了用 Prim 算法构造最小生成树的过程（假设起始顶点为 A）。

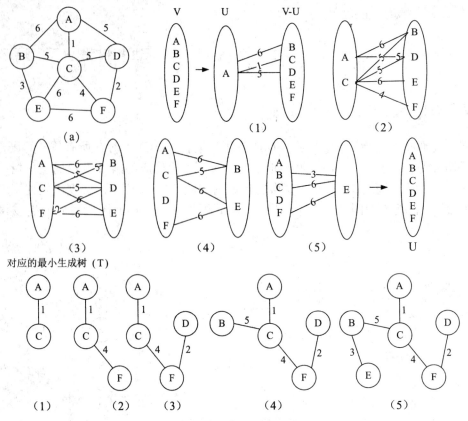

图 7.15 Prim 算法求解最小生成树的过程

Prim(cost,n,v) 算法利用上述过程构造最小生成树，其中 n 为顶点总数；v 为开始顶点的编号；cost[][] 为图的带权邻接矩阵。数组 closest[] 和 lowcost[] 分别存放顶点序号和权值：若 closest[i]=0，则表明 i 在 U 中；若 0< lowcost[i]< ∞，则 i 在 $V-U$ 中，并且由顶点 i 和 U 中的顶点 closest[i] 构成的边 (i, closest[i]) 是所有与顶点 i 相邻、另一端在 U 的边中具有最小权值的边，其最小权值为 lowcost[i]；若 lowcost[i]= ∞，则表示 i 与 closest[i] 之间没有边。普里姆算法如下：

```
#define INF  999                                    //INF 表示∞
void Prim(int cost[][MAXV],int n,int v)
{
    int lowcost[MAXV],min;                          //lowcost 边的权值
    int closest[MAXV],i,j,k;                        // 顶点序号
    for (i=0;i<n;i++)                               // 给 lowcost[] 和 closest[] 置初值
    {
        lowcost[i]=cost[v][i];                      //v 点到各点边的权
        closest[i]=v;                               // 开始V 集合中只有v点
    }
    lowcost[v]=0;                                   //v 点进入集合 V
```

```
for (i=1;i<n;i++)                              // 找出 n-1 个顶点
{
  min=INF;
  for (j=0;j<n;j++)                            // 在 V-U 中找出离 U 最近的顶点 k
  if (lowcost[j]!=0 && lowcost[j]<min)
  {
      min=lowcost[j];                          // 找该点相连边的最小权值
      k=j;
  }
  cout<<" 边 "<<closest[k]<<'-'<<k<<" 权为 :"<<min<<endl;
  lowcost[k]=0;                                // 标记 k 已经加入 U
  for (j=0;j<n;j++)                            // 重新刷新数组 lowcost 和 closest
      if (cost[k][j]!=0 && cost[k][j]<lowcost[j])
      {
          lowcost[j]=cost[k][j];
          closest[j]=k;
      }
}
}
```

头脑风暴: 请将图 7.15（a）转换成邻接矩阵，讨论如何通过 Prim 算法求其最小生成树，并上机实现。

2. 克鲁斯卡尔（Kruskal）算法

克鲁斯卡尔（Kruskal）算法是一种按权值的递增次序选择合适的边来构造最小生成树的方法。假设 $G=(V,E)$ 是一个具有 n 个顶点的带权连通无向图，$T=(U,TE)$ 是 G 的最小生成树，则构造最小生成树的步骤如下：首先置 U 的初值为 V（即包含有 G 中的全部顶点），TE 的初值为空集（即图 T 中每一个顶点都构成一个分量）。将图 G 中的边按权值从小到大的顺序依次选取：若选取的边未使生成树 T 形成回路，则加入 TE；否则舍弃，直到 TE 中包含 $n-1$ 条边为止。如图 7.16 所示为采用克鲁斯卡尔算法对图 7.15（a）构造最小生成树的过程。

其步骤描述如下：

（1）选出边的代价最小者，即 (A,C)。

（2）选出边的代价最小者，即 (D,F)。

（3）选出边的代价最小者，即 (B,E)。

（4）选出边的代价最小者，即 (C,F)。

（5）选出边的代价最小者，即 (B,C)、(A,D) 和 (C,D)，但是 (A,D) 和 (C,D) 会形成回路，故舍弃，选 (B,C)。

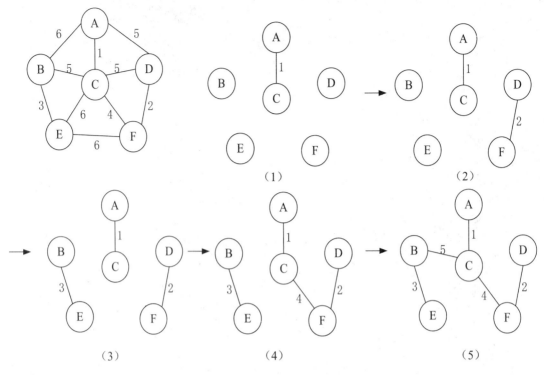

图 7.16   克鲁斯卡尔算法构造最小生成树的过程

为了简便，在实现克鲁斯卡尔算法时，用数组 edge[] 存放图 G 中的所有边，假设它们是按权值从小到大的顺序排列的。n 为图 G 的顶点个数，e 为图 G 的边数。

```
typedef struct
{
  int u;                    //边的起始顶点
  int v;                    //边的终止顶点
  int w;                    //边的权值
} GEdge;
```

克鲁斯卡尔算法如下：

```
void Kruskal(GEdge edge[],int e)
{
    int i,j,k;
    int vset[MAXV];
    for (i=0;i<MAXV;i++)
        vset[i]=i;            // 初始化辅助数组
    k=1;                     //k 表示当前构造最小生成树的第几条边，初值为 1
    j=0;                     //E 中边的下标，初值为 0
    while (k<MAXV)            // 生成的边数小于 n 时循环
```

```
    {
        if (vset[edge[j].u]!=vset[edge[j].v])   //两顶点属于不同的集合，该边是最小生成树的一条边
        {
            cout<<edge[j].u<<'-'<<edge[j].v<<','<<edge[j].w<<endl;
            k++;                              //生成边数增 1
            for (i=0;i<MAXV;i++)              //两个集合统一编号
                if (vset[i]==vset[edge[j].v]) //集合为 v 的改为 u
                    vset[i]=vset[edge[j].u];
        }
        j++;                                  //扫描下一条边
    }
}
```

如果给定的带权连通无向图 G 有 e 条边、n 个顶点，由于算法与 n 无关，只与 e 有关，所以说克鲁斯卡尔算法适合于稀疏图。

头脑风暴：请将图 7.15（a）的图的边按升序存放到 edge 数组中，讨论如何通过 Kruskal 算法求其最小生成树，并上机实现。

7.2.5　有向无环图及其应用

一个无环的有向图称做有向无环图（Directed Acycling Graph），简称 DAG 图。有向无环图是描述含有公共子式的表达式的有效工具，也是描述工程或系统的进行过程的有效工具。

7.2.5.1　拓扑排序

在有向图 G 中，如果每个顶点代表一项任务或活动，弧代表活动间存在的优先关系，即弧 $<v_i,v_j>$ 表示必须先处理完 v_i 的活动，才能处理 v_j 的活动，这种图称为 AOV- 网。在网中，若从顶点 v_i 到顶点 v_j 有一条有向路径，则顶点 v_i 是顶点 v_j 的前驱，顶点 v_j 是顶点 v_i 的后继。若 $<v_i,v_j>$ 是网中的一条弧，则 v_i 是 v_j 的直接前驱，v_j 是 v_i 的直接后继。

在 AOV- 网中，若没有反身性存在，即在网络中不存在任何回路，则必能产生一种活动的线性序列，其中若 v_i 是 v_j 的前驱，则在线性序列中 v_i 必然排在 v_j 的前面，这种线性序列称为拓扑序列，在一个 AOV- 网中找出拓扑序列的过程称为拓扑排序。

例如，一个计算机专业的学生必须学习一系列基本课程，假设这些课程名称与相应代号的关系如表 7.1 所示。

表 7.1　课程名称与相应代号的关系

课 程 编 号	课 程 名 称	先 修 课 程
C1	程序设计基础	无
C2	高等数学	无

课 程 编 号	课 程 名 称	先 修 课 程
C3	计算机组成原理	C1
C4	离散数学	C2
C5	数据结构	C1,C4
C6	操作系统	C3,C5
C7	软件工程	C5,C6

在这些课程中，有些课程学生入学后就可以开始学习，而有些课程则必须学完某些基础的先修课程后才能开始学习。课程之间的先后关系可用有向图来表示，如图 7.17 所示。

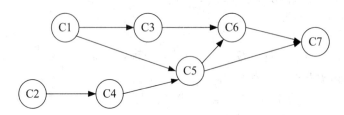

图 7.17　表示课程之间逻辑关系的有向图

也就是说，一些课程的学习必须在学完了它的先修课之后才能进行。例如，"数据结构"课程必须排在"程序设计基础"和"离散数学"之后，图 7.17 中 C5 表示"数据结构"，是有向边的终点，而 C1 表示"程序设计基础"，C4 表示"离散数学"，这些都是指向 C5 的有向边的始点。这里，结点 C1、C4 是结点 C5 的直接前趋，结点 C5 是结点 C1、C4 的直接后继。

在 AOV- 网中，有向边所确定的逻辑关系具有传递性。例如，结点 C2 是 C4 的直接前趋，C4 是 C5 的直接前趋，C5 是 C7 的直接前趋，则 C2 也是 C7 的前趋，但不是直接前趋。

对于 AOV- 网，分析由网所表示的工程是否可行是十分重要的。在 AOV- 网中，不应该出现或存在回路。如果存在有向回路，则说明该回路上结点所代表的活动将以自身为先决条件，即在这些活动开始之前，该活动本身已经完成。显然，这是不可能的。因此，这种工程是不可能完成的。对程序设计来说，这种情况相当于死循环。

给定一个 AOV- 网，判断该网所表示的工程是否可以实现，就一定要检查是否存在有向回路。检查有向图中是否存在回路的方法是进行拓扑排序，若网中所有顶点都在它的拓扑有序序列中，则该 AOV- 网中必定不存在环。

对图 7.17 所示的有向图进行拓扑排序可得到一个拓扑序列：(C1,C3,C2,C4,C5,C6,C7) 也可以得到另一个拓扑序列：(C2,C4,C1,C5,C3,C6,C7)，还可以得到其他的拓扑序列。按照拓扑序列的次序安排计算机专业学生的学习计划，才符合教学的规律。

拓扑排序的方法如下：

（1）在有向图中选一个没有前驱（入度为 0）的顶点且输出。

（2）从图中删除该顶点和所有以它为尾的弧。

（3）重复上述两步，直至全部顶点均已输出，或者当前图中不存在无前驱的顶点，即说明有向图中存在环。

为了实现拓扑排序的算法，对于给定的有向图，采用邻接表作为存储结构，在表头结点中增加一个存放顶点入度的域 count，即将邻接表定义中的 VNode 类型修改如下：

```
typedef struct Vnode              // 邻接表头结点的类型
{
    VertexType data;              // 顶点信息
    int count;
    ArcNode *firstarc;            // 指向第一条弧
}VNode;
```

在执行拓扑排序的过程中，将入度为 0 的顶点输出，同时将该顶点的所有后继顶点的入度减 1。算法中设立一个栈 St 用来存放入度为 0 的顶点，描述如下：

```
void  TopSort(VNode adj[],int n)
{
    int i,j;
    int St[MAXV],top=-1;                          // 栈 St 的指针为 top
    ArcNode *p;
    for (i=0;i<n;i++)
        if (adj[i].count==0)                      // 入度为 0 的顶点入栈
        {
            top++;
            St[top]=i;
        }
    while (top>-1)                                // 栈不为空时循环
    {
        i=St[top];top--;                          // 出栈
        cout<<i;                                  // 输出顶点
        p=adj[i].firstarc;                        // 找第一个相邻顶点
        while (p!=NULL)
        {
            j=p->adjvex;
            adj[j].count--;
            if (adj[j].count==0)                  // 入度为 0 的相邻顶点入栈
            {
                top++;
                St[top]=j;
            }
            p=p->nextarc;                         // 找下一个相邻顶点
```

```
            }
    }
}
```

分析上述算法，对有 n 个顶点和 e 条弧的有向图，建立求各顶点的入度的时间复杂度为 O(e)；建立零入度顶点栈的时间复杂度为 O(n)；在拓扑排序过程中，若有向图无环，则每个顶点进一次栈，出一次栈，入度减 1 的操作在 while 语句中总共执行 e 次。所以，总的时间复杂度为 O($n+e$)。

当有向图中无环时，也可利用深度优先遍历进行拓扑排序。因为图中无环，则由图中某点出发进行深度优先搜索遍历时，最先退出 DFS 函数的顶点即出度为 0 的顶点，是拓扑有序序列中最后一个顶点。由此，按退出 DFS 函数的先后记录下来的顶点序列（如同求强连通分量时 finished 数组中的顶点序列）即为逆向的拓扑有序序列。具体算法请大家自己实现。

【例 7.4】给出如图 7.18 所示的有向图 G_6 的全部可能的拓扑序列。

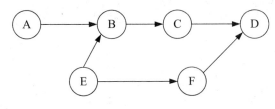

图 7.18　有向图 G_6

G_6 中，入度为 0 的顶点有两个：A 和 E。

（1）考虑顶点 A，删除 A 以及以 A 为尾的弧，入度为 0 的有 E，删除 E 以及以 E 为尾的弧，入度为 0 的有 B 和 F，考虑顶点 B，删除 B 以及以 B 为尾的弧，入度为 0 的有 C 和 F，可得到的拓扑序列为 AEBCFD、AEBFCD、AEFBCD。

（2）同样的方法考虑顶点 E，可得到的拓扑序列为 EFABCD、EABCFD、EAFBCD、EABFCD。

综合（1）、（2）可得 G_6 的全部拓扑序列。

7.2.5.2　关键路径

与 AOV- 网对应的是 AOE- 网（Activity On Edge），即边表示活动的网。AOE- 网也是一个带权的有向无环图，其中顶点表示事件，弧表示活动，权表示活动持续的时间。利用 AOE- 网能够计算完成整个工程预计需要多少时间，并找出影响工程进度的关键活动，从而为决策者提供修改各活动预计进度的依据。

通常每个工程都只有一个开始事件和一个结束事件，因此表示工程的 AOE 网都只有一个入度为 0 的顶点，称为源点（Source），和一个出度为 0 的顶点，称为汇点（Converge）。

在 AOE- 网中，有些活动可以并行进行，所以完成工程的最短时间是从源点到汇点的最大路径长度（按权计算）。路径长度最大的路径称为关键路径（Critical Path），关键路径上的所有活动都是关键活动。

（1）事件的最早完成时间（Early Event Time）：从源点 v_1 开始沿最长路径到达 v_i 所需的时间称为 v_i 的最早完成时间，记作 $EE(v_i)$，$i=1,2,\cdots,n$。显然有 $EE(v_1)=0$。v_i（$i \neq 1$）的最早完成时间为：

$$EE(v_i)=\min_{v_j \in \{x|x \in V \wedge \langle x,v_i \rangle \in E\}}\{EE(v_j)+w_{ij}\},\ i=2,3,\cdots,n \qquad （7.2）$$

其中，w_{ij} 为弧 $\langle v_i,v_j \rangle$ 带的权。事件 v_n 的最早完成时间 $EE(v_n)$ 就是从 v_1 到 v_n 最长路径的权。

（2）事件的最晚完成时间（Late Event Time）：在保证汇点 v_n 的最早完成时间不增加的条件下，从 v_1 最晚到达 v_i 的时间称为 v_i 的最晚完成时间，记作 $LE(v_i)$。由定义可知，$LE(v_n)=EE(v_n)$，$i \neq n$ 时，v_i 的最晚完成时间为：

$$LE(v_i)=\max_{v_j \in \{x|x \in V \wedge \langle v_i,x \rangle \in E\}}\{LE(v_j)-w_{ij}\},\ i=1,2,\cdots,n-1 \qquad （7.3）$$

（3）松弛时间（Slack Time）：用式（7.2）和（7.3）可求出各顶点的最早、最晚时间，由定义可知 $LE(v_i)-EE(v_i) \geqslant 0$，称 $LE(v_i)-EE(v_i)$ 为 v_i 的松弛时间，记作，有

$$ST(v_i)=LE(v_i)-EE(v_i),\ i=1,2,\cdots,n \qquad （7.4）$$

在关键路径上，任何工序如果耽误了时间，整个工程就耽误了时间，因而在关键路径上各顶点的松弛时间均为 0，表示刻不容缓。

例如，图 7.19 所示的是一个有 10 项活动的 AOE- 网。其中有 7 个事件 v_1，v_2，v_3，$\cdots$，v_7，每个事件表示在它之前的活动已经完成，在它之后的活动可以开始。如 v_1 表示整个工程开始，v_7 表示整个工程结束，v_5 表示 a_4 和 a_8 已经完成，a_9 可以开始。与每个活动相联系的数是执行该活动所需的时间。比如，活动 a_1 需要 3 天，a_2 需要 6 天等。

对 AOE- 网有待研究的问题是：

（1）完成整项工程至少需要多少时间？

（2）哪些活动是影响工程进度的关键？

下面就图 7.19 给出的 AOE- 网，计算各事件的最早、最晚和松弛时间以及关键路径和关键活动。

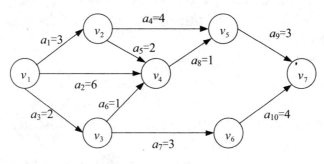

图 7.19　一个 AOE- 网

各顶点的最早完成时间用式（7.2）计算：

$EE(v_1)=0$

$EE(v_2)=\max\{EE(v_1)+w_{12}\}=\max\{0+3\}=3$

$EE(v_3)=\max\{EE(v_1)+w_{13}\}=\max\{0+2\}=2$

$EE(v_4)=\max\{EE(v_1)+w_{14},EE(v_2)+w_{24},EE(v_3)+w_{34}\}=\max\{0+6,\ 3+2,\ 2+1\}=6$

$EE(v_5)=\max\{EE(v_2)+w_{25},EE(v_4)+w_{45}\}=\max\{3+4,\ 6+1\}=7$

$EE(v_6)=\max\{EE(v_3)+w_{36}\}=\max\{2+3\}=5$

$EE(v_7)=\max\{EE(v_5)+w_{57},EE(v_6)+w_{67}\}=\max\{7+3,5+4\}=10$

各顶点的最晚完成时间用式（7.3）计算：

$LE(v_7)=10;$

$LE(v_6)=\min\{LE(v_7)-w_{67}\}=\min\{10-4\}=6$

$LE(v_5)=\min\{LE(v_7)-w_{57}\}=\min\{10-3\}=7$

$LE(v_4)=\min\{LE(v_5)-w_{45}\}=\min\{7-1\}=6$

$LE(v_3)=\min\{LE(v_6)-w_{36},LE(v_4)-w_{34}\}=\min\{6-3,6-1\}=3$

$LE(v_2)=\min\{LE(v_5)-w_{25},LE(v_4)+w_{24}\}=\min\{7-4,6-2\}=3$

$LE(v_1)=\min\{LE(v_2)-w_{12},LE(v_4)+w_{14},LE(v_3)+w_{13}\}=\min\{3-3,6-6,3-2\}=0$

各顶点的松弛时间用式（7.4）计算：

$ST(v_1)=ST(v_2)=ST(v_4)=ST(v_5)=ST(v_7)=0$

$ST(v_3)=3-2=1$

$ST(v_6)=6-5=1$

关键路径为 (v_1, v_2, v_5, v_7) 和 (v_1, v_4, v_5, v_7)，如图 7.20 所示。

关键活动为 a_1,a_2,a_4,a_8,a_9。

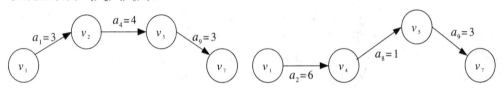

图 7.20　图 7.19 所示网的两条关键路径

由上述过程可知，递推公式（7.2）和（7.3）的计算必须分别在拓扑有序和逆拓扑有序的前提下进行。也就是说，$EE(v_i)$ 必须在 v_{i+1} 的所有前驱的最早完成时间求得之后才能确定，而 $LE(v_i)$ 则必须在 v_{i+1} 的所有后继的最晚完成时间求得之后才能确定。因此，可以在拓扑排序的基础上计算 $EE(v_i)$ 和 $LE(v_i)$。

由此得到如下所述求关键路径的算法：

（1）输入 e 条弧 $<v_i,v_j>$，建立 AOE-网的存储结构。

（2）从源点 v_1 出发，令 $EE(v_1)=0$，按拓扑有序求其余各顶点的最早完成时间 $EE(v_i)$。如果得到的拓扑有序序列中顶点个数小于网中顶点数 n，则说明网中存在环，不能求关键路径，算法终止；否则执行步骤（3）。

（3）从汇点 v_n 出发，令 $LE(v_n)=EE(v_n)$，按逆拓扑有序求其余各顶点的最晚完成时间 $LE(v_i)$。

（4）根据各顶点的 EE 和 LE 值，求各顶点的松弛时间 ST，若某顶点满足条件 $ST(v_i)=0$，则顶点 v_i 为关键路径上的点。

由于网中各项活动是互相牵涉的，因此，影响关键活动的因素亦是多方面的，任何一项活动持续时间的改变都会影响关键路径的改变，关键活动的速度提高是有限度的。只有在不改变网的关键路径的情况下，提高关键活动的速度才有效。另一方面，若网中有几条关键路径，必须同时提高几条关键路径上活动的速度才能缩短整个工程时间。

7.2.6 单源最短路径——迪杰斯特拉算法

两个结点之间的最短路径问题是用图形结构解决实际问题的典型例子。例如，在图中以结点表示城市，边表示两城市之间有公路可达，边上的权值表示两城市间的距离，或途中所需时间、交通费用等。由这些结点和边以及边上的权值可组成表示连通各城市的公路网。路径长度是路径上边的权值之和。若需要查询从 A 城市前往 B 城市的公路情况，则需解决如下问题：

（1）由城市 A 是否可到达城市 B，即是否有公路连接？

（2）若城市 A 至城市 B 有若干条公路可通行，哪一条公路最短？或行车时间最少、车费最省？

考虑到公路的方向性，本节将讨论带权有向图，并称路径上的第一个顶点为源点（Source），最后一个顶点为终点（Destination）。常见相关算法有两种，一种是针对单源最短路径问题；一种是针对每两点之间的最短路径问题。前者可用迪杰斯特拉（Dijkstra）算法解决，后者可用 Floyd 算法解决。我们将 Floyd 算法放到本章知识与技能扩展中作为选修内容讲解。下面主要讲解迪杰斯特拉算法。

设有一个带权有向图 $G=<V,E>$，讨论从源点到图 G 中其余各结点的最短路径。以图 7.21 所示有向网为例，若 v_0 为源点，则从图上可得，从 v_0 至 v_5 的最短路径是 $<v_0,v_4,v_3,v_5>$，其路径长度是 3+3+1=7，虽然该路径由 3 条边组成，但仍然比路径 $<v_0, v_5>$ 要短，因为 $<v_0, v_5>$ 边上的权是 10；从 v_0 至 v_4 的最短路径是 $<v_0, v_4>$，其路径长度为 3；从 v_0 至 v_3 的最短路径是 $<v_0, v_4, v_3>$，其路径长度为 6；从 v_0 到 v_2 的最短路径是 $<v_0, v_2>$，其路径长度为 1；从 v_0 到 v_1 的最短路径是 $<v_0, v_4,v_1>$，其路径长度为 5。

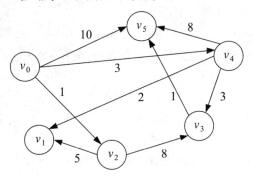

图 7.21　带权的有向图

如何求得一个顶点到其余各顶点的最短路径？迪杰斯特拉提出了一个按路径长度递增的次序产生最短路径的算法。其基本思想是：设 $G=(V,E)$ 是一个带权有向图，把图中顶点集合 V 分成两组，第一组为已求出最短路径的顶点集合（用 S 表示，初始时 S 中只有一个源点，以后每求得一条最短路径 $v_0,\cdots v_k$，就将 v_k 加入到集合 S 中，直到全部顶点都加入到 S 中，算法结束）；第二组为其余未确定最短路径的顶点集合（用 U 表示）。

按最短路径长度的递增次序依次把第二组的顶点加入 S 中。在加入的过程中，总保持从源点 v_0 到 S 中各顶点的最短路径长度不大于从源点 v_0 到 U 中任何顶点的最短路径长度。此外，每个顶点对应一个距离，S 中的顶点的距离就是从 v_0 到此顶点的最短路径长度，U

中的顶点的距离从 v_0 到此顶点只包括 S 中的顶点为中间顶点的当前最短路径长度。

迪杰斯特拉算法的具体步骤如下：

（1）初始时，S 只包含源点，即 $S=\{v_0\}$，v_0 的距离为 0。U 包含除 v_0 外的其他顶点，v_0 到 U 中顶点 $v_i(i=1,2,\cdots,n)$ 的距离为边 $<v_0,v_i>$ 上的权或 ∞（若 $<v_0,v_i>$ 不在 $E(G)$ 中）。

（2）从 U 中选取一个距离 v_0 最小的顶点 v_k，把 v_k 加入 S 中（该选定的距离就是 v_0 到 v_k 的最短路径长度）。

（3）以 v_k 为新考虑的中间点，修改 v_0 到 U 中各顶点的距离：若从源点 v_0 到顶点 $v_i(v_i \in U)$ 的距离（经过顶点 v_k）比原来距离（不经过顶点 v_k）短，则修改顶点 v_i 的距离值，修改后的距离值为源点到顶点 v_k 的最短路径的长度加上边 $<v_k,v_i>$ 上的权。

（4）重复步骤（2）和（3），直到所有顶点都包含在 S 中。

例如，对于图 7.21 所示的带权有向图，采用迪杰斯特拉算法计算从顶点 v_0 到其他顶点的最短路径时，S，U 和从 v_0 到各个顶点的距离的变化如下（距离中加下划线表示修改后的距离值）。

S	U	v_0 到 $v_0 \sim v_5$ 各顶点的距离
$\{v_0\}$	$\{v_1,v_2,v_3,v_4,v_5\}$	$\{0, \infty ,1, \infty ,3,10\}$
$\{v_0,v_2\}$	$\{v_1,v_3,v_4,v_5\}$	$\{0, 6, 1, 9, 3,10\}$
$\{v_0,v_2,v_4\}$	$\{v_1,v_3,v_5\}$	$\{0, 5, 1, 6, 3,10\}$
$\{v_0,v_2,v_4,v_1\}$	$\{v_3,v_5\}$	$\{0, 5, 1, 6, 3,10\}$
$\{v_0,v_2,v_4,v_1,v_3\}$	$\{v_5\}$	$\{0, 5, 1, 6, 3, 7\}$
$\{v_0,v_2,v_4,v_1,v_3,v_5\}$	$\{\}$	$\{0, 5, 1, 6, 3, 7\}$

则顶点 v_0 到 $v_1 \sim v_5$ 各顶点的最短距离分别为 5、1、6、3 和 7。

迪杰斯特拉算法的实现过程如下：

设有一个有向网 $G=<V,E>$ 采用邻接矩阵 cost[][] 存储。一维数组 s[] 用于标记已经找到最短路径的顶点，若未找到源点到顶点 v_i 的最短路径，则 s[i]=0；反之，s[i]=1。定义一个数组 dist[]，用来保存从源点到终点 v_i 的目前最短路径的长度，其初值为 $<v_0,v_i>$ 边上的权值，若 v_0 到 v_i 没有边，则权值定为 ∞，以后每考虑一个新的中间点时，dist[i] 的值可能被修改变小。数组 path[] 用于保存最短路径的长度，其中，path[i] 保存从源点 v_0 到终点 v_i 当前最短路径中的前一个顶点的编号，其初值为源点 v_0 的编号（$<v_0,v_i>$ 存在）或 -1（$<v_0,v_i>$ 不存在）。算法描述如下（n 为图 G 的顶点数，v_0 为源点编号）：

```
void Dijkstra(int cost[][MAXV],int n,int v0)
{
    int dist[MAXV],path[MAXV];
    int s[MAXV], mindis,i,j,u;
    for (i=0;i<n;i++)
    {
        dist[i]=cost[v0][i];              // 距离初始化
        s[i]=0;                           //s[] 置空
        if (cost[v0][i]<INF)              // 路径初始化
            path[i]=v0;
```

```
            else
                path[i]=-1;
        }
    s[v0]=1;
    path[v0]=0;                                    // 源点编号 v₀ 放入 s 中
    for (i=0;i<n;i++)                              // 循环直到所有顶点的最短路径都求出
    {
    mindis=INF;
    u=-1;
    for (j=0;j<n;j++)                              // 选取不在 s 中且具有最小距离的顶点 u
            if (s[j]==0 && dist[j]<mindis)
            {       u=j;
                    mindis=dist[j];
            }
    s[u]=1;                                        // 顶点 u 加入 s 中
    for (j=0;j<n;j++)                              // 修改不在 s 中的顶点的距离
            if (s[j]==0)
                if (cost[u][j]<INF && dist[u]+cost[u][j]<dist[j])
                    { dist[j]=dist[u]+cost[u][j]; path[j]=u; }
    }
    Dispath(dist,path,s,n,v0);                     // 输出最短路径
}
```

输出最短路径的 Dispath() 函数如下：

```
void Ppath(int path[],int i,int v0)               // 前向递归查找路径上的顶点
{   int k;
    k=path[i];
    if (k==v0)
        return;                                    // 找到起点则返回
    Ppath(path,k,v0);                              // 找 k 顶点的前一个顶点
    cout<<k;                                       // 输出 k 顶点
}
void Dispath(int dist[],int path[],int s[],int n,int v0)
{   int i;
    for (i=0;i<n;i++)
            if (s[i]==1)
            {
                cout<<" 从 "<<v0<<" 到 "<<i<<" 的最短路径长度为 "<<dis[i]<< "\t 路径为 :";
                cout<<v0;                          // 输出路径上的起点
```

```
            Ppath(path,i,v0);                    // 输出路径上的中间点
            cout<<i<<endl;                       // 输出路径上的终点
        }
        else
            cout<<" 从 "<<v0<<" 到 "<<i<<" 不存在路径 \n";
}
```

迪杰斯特拉算法的时间复杂度是 $O(n^2)$。

采用迪杰斯特拉算法对图 7.21 所示的有向图求顶点 v_0 到其他顶点的最短路径的过程如下。

（1）初值：s[]={0}，dist[]={0, ∞ ,1, ∞ , 3, 10}（顶点 v_0 到其他各顶点的权值），path[]={0, -1,0, -1,0,0}（$<v_0,v_i>$ 存在时，path[i]=0；反之 path[i]=-1）。

（2）从 dist[] 中查找除了 s[] 中顶点之外最近的顶点 v_2 加入到 s 中，s[]={0,2}，从顶点 v_2 到达顶点 v_1 和 v_3：

$$dist[1]=min\{dist[1],dist[2]+5\}=6（修改）$$
$$dist[3]=min\{dist[1],dist[2]+8\}=9（修改）$$

则 dist[]={0, 6,1, 9 , 3, 10}，将顶点 v_2 替换修改 dist 值的顶点，path[]={0, 2,0,2,0,0}。

（3）从 dist[] 中查找除了 s[] 中顶点之外最近的顶点 v_4 加入到 s 中，s[]={0,2,4}，从顶点 v_4 到达顶点 v_1、v_3 和 v_5：

$$dist[1]=min\{dist[1],dist[4]+2\}=5（修改）$$
$$dist[3]=min\{dist[3],dist[4]+3\}=6（修改）$$
$$dist[5]=min\{dist[5],dist[4]+8\}=10$$

则 dist[]={0, 5,1, 6 , 3, 10}，将顶点 v_4 替换修改 dist 值的顶点，path[]={0, 4,0,4,0,0}。

（4）从 dist[] 中查找除了 s[] 中顶点之外最近的顶点 v_1 加入到 s 中，s[]={0,2,4,1}，从顶点 v_1 不能到达任何顶点，故 dist[] 和 path[] 不变。

（5）从 dist[] 中查找除了 s[] 中顶点之外最近的顶点 v_3 加入到 s 中，s[]={0,2,4,1,3}，从顶点 v_3 到达顶点 v_5：

$$dist[v_5]=min\{dist[v_5],dist[v_3]+1\}=7$$

则 dist[]={0, 5,1, 6 , 3, 7}，将顶点 v_3 替换修改 dist 值的顶点，path[]={0, 4,0,4,0,3}。

（6）从 dist[] 中查找除了 s[] 中顶点之外最近的顶点 v_5 加入到 s 中，s[]={0,2,4,1,3,5}，从顶点 v_5 不能到达任何顶点，算法结束，此时 dist[]={0, 5,1, 6 , 3, 7}，path[]={0, 4,0,4,0,3}。

本算法的求解结果如下：

从顶点 v_0 到顶点 v_1 的路径长度为 5，路径为 0,4,1。

从顶点 v_0 到顶点 v_2 的路径长度为 1，路径为 0,2。

从顶点 v_0 到顶点 v_3 的路径长度为 6，路径为 0,4,3。

从顶点 v_0 到顶点 v_4 的路径长度为 3，路径为 0,4。

从顶点 v_0 到顶点 v_5 的路径长度为 5，路径为 0,4,3,5。

7.3 案例问题解决

7.3.1 省政府"畅通工程"——普里姆算法

【算法思路】

从单一顶点开始，根据普里姆算法，逐步扩大最小生成树中所含顶点的数目，直到遍及连通图的所有顶点，输出生成树中所有顶点的信息。

【源程序与分析】

```
#include "stdafx.h"
#include "stdafx.h"
#include <iostream>
#define MAXV 6                          // 顶点数
#define INF 999                         // 无穷大
using namespace std;
void Prim(int edgeWeight[MAXV][MAXV],char verInfo[],int v)
{
    int lowcost[MAXV],closest[MAXV],i,j,k,min,sum=0;
    cout<<"_____Prim_____\n";
    for(i=0;i<MAXV;i++)
    {
        lowcost[i]=edgeWeight[v][i];
        closest[i]=v;                   // 从下标 v 点开始
    }
    lowcost[v]=0;
    for(i=1;i<MAXV;i++)                 // 循环 MAXV-1 次
    {
        min=INF;
        for(j=0;j<MAXV;j++)            // 在 lowcost 的第 j+1 列中找取最小值
        {
            if(lowcost[j]!=0&&min>lowcost[j])
            {
                min=lowcost[j];
                k=j;
            }
        }
        cout<<"<"<<verInfo[closest[k]]<<","<<verInfo[k]<<">--"<<min<<endl;
```

```
                sum+=min;
                lowcost[k]=0;                        // 该点已经进入 U 集合，不用再比
                for(j=0;j<MAXV;j++)                   // 通过 k 点刷新最小边值
                        if(edgeWeight[k][j]<lowcost[j])
                        {
                                lowcost[j]=edgeWeight[k][j];
                                closest[j]=k;
                        }
        }
        cout<<" 最小成本："<<sum<<endl;
}
void Output(int edgeWeight[MAXV][MAXV],char verInfo[])
{
        cout<<"_____ 边 _____\n";
        for(int i=0;i<MAXV;i++)
        {
                cout<<"\n";
                for(int j=0;j<MAXV;j++)
                        cout<<edgeWeight[i][j]<<'\t';
        }
        cout<<"\n_____ 顶点 _____\n";
        for(int i=0;i<MAXV;i++)
                cout<<verInfo[i]<<endl;
}
int main()
{
        int edgeWeight[MAXV][MAXV]={
                                {INF,16, 20, 19, INF, INF},
                                {16, INF,11, INF, 6,  5},
                                {20, 11, INF, 22, 14, INF},
                                {19, INF, 22, INF,18, INF},
                                {INF, 6,  14, 18, INF, 9},
                                {INF, 5, INF, INF, 9, INF}};
        char verInfo[]={'a','b','c','d','e','f'};
        Output(edgeWeight,verInfo);
        Prim(edgeWeight,verInfo,0);
        return 0;
}
```

7.3.2 伤员急需运送——迪杰斯特拉算法

【算法思路】

本案例用邻接矩阵存储各城市（顶点）之间的权值，通过迪杰斯特拉算法找到单源点到到任何其他顶点的最短路径权值之和和路径，结果分别保存至 dist[] 和 path[][] 两数组中，然后输出两个数组，即可求解运送伤员的最佳方案。

【源程序与分析】

```
#include <iostream>
#define  VertexType char
#define  VN 7
#define  INF 999
using namespace std;
void Dijkstra(int edgeWeight[VN][VN],VertexType verInfo[VN],int v)    // 单源点 v
{    int i,j,k,t,min,s[VN],dist[VN],path[VN][VN],pos[VN];             // 第 i 条路径的位置计数器
     for(i=0;i<VN;i++)                                               // 初始化
     {
          s[i]=(i==v)?1:0;
          dist[i]=edgeWeight[v][i];
          path[i][0]=v;
          pos[i]=0;
     }
     for(i=1;i<VN;i++)
     {
          min=INF;
          for(j=0;j<VN;j++)                                          // 搜索最小值
          {
               if(s[j]==0)
                    if(min>dist[j])
                    {
                         k=j;// 利用 s 和 dist 在尚未找到最短路径的顶点中确定一个与 v 最近的顶点 u
                         min=dist[j];
                    }
          }
          s[k]=1;
          pos[k]=pos[k]+1;
          path[k][pos[k]]=k;                                         // 思考：这句是什么意思
          for(j=0;j<VN;j++)                                          // 用 k 点刷新 dist 和 path
               if(s[j]==0){
                    if(dist[k]+edgeWeight[k][j]<dist[j]){
```

```
                                    dist[j]=dist[k]+edgeWeight[k][j];
                                    for(t=0;t<=pos[k];t++){// 拷贝 path
                                        path[j][t]=path[k][t];
                                    }
                                    pos[j]=pos[k];              // 思考：如果不要这句会如何
                                }
                            }
        }
        cout<<"___ 运送所需最少时间和路线 ___\n";
        for(i=0;i<VN;i++){                                      // 打印输出
                cout<<dist[i]<<'\t';
                for(j=0;j<=pos[i];j++)
                    if(j!=pos[i])
                            cout<<verInfo[path[i][j]]<<'_';
                    else
                            cout<<verInfo[path[i][j]];
                cout<<endl;
        }
}
void Output(int edgeWeight[VN][VN],VertexType verInfo[VN])
{
        cout<<"_____ 时间 _____\n";
        for(int i=0;i<VN;i++)
        {
                cout<<"\n";
                for(int j=0;j<VN;j++)
                        cout<<edgeWeight[i][j]<<'\t';
        }
        cout<<endl;
        cout<<"_____ 城市 _____\n";
        for(int i=0;i<VN;i++)
                cout<<verInfo[i]<<endl;
}
int main()
{
    int edgeWeight[VN][VN]=   {
    {0, 10, 2, INF, INF, INF, INF},
    {10,0,  INF, INF, 1, INF, INF},
    {2, INF,  0, 2, INF, 11,INF},
    {INF, INF,  2, 0, 4, 6, INF},
```

```
        {INF, 1,  INF, 4, 0, INF, 7},
        {INF, INF,  11,6, INF, 0, 3},
        {INF, INF,  INF, INF, 7, 3, 0}};
    VertexType verInfo[]={'a','b','c','d','e','f','g'};
    Output(edgeWeight,verInfo);
    Dijkstra(edgeWeight,verInfo,0);
    return 0;
}
```

7.4 知识与技能扩展——弗洛伊德算法

对于一个各边权值均大于零的有向图，对每一对顶点 $v_i \neq v_j$，求出 v_i 与 v_j 之间的最短路径和最短路径长度。解决这个问题的一个办法是：每次以一个顶点为源点，重复执行迪杰斯特拉算法 n 次。这样可求得每一对顶点之间的最短路径。总的执行时间为 $O(n^3)$。

弗洛伊德（Floyd）算法也可实现求两顶点之间最短路径。其时间复杂度也为 $O(n^3)$，形式上比迪杰斯特拉算法简单。

假设有向图 $G=(V,E)$ 采用邻接矩阵 cost[][] 存储，当前顶点之间的最短路径长度用一个二维数组 A[][] 存放，A[i][j] 表示当前顶点 v_i 到顶点 v_j 的最短路径长度。弗洛伊德算法的基本思想是递推产生一个矩阵序列 $A_0, A_1, \cdots, A_k, \cdots, A_n$，其中 $A_k[i][j]$ 表示从顶点 v_i 到顶点 v_j 的路径上中间顶点的编号不大于 k 的最短路径长度。

初始时 $A_{-1}[i][j]=$cost[i][j]，当求从顶点 v_i 到顶点 v_j 的路径上所经过的顶点编号不大于 k 的最短路径长度时，要分两种情况考虑：

（1）该路径不经过顶点编号为 k 的顶点，此时该路径长度与从顶点 v_i 到顶点 v_j 的路径上中间顶点的编号不大于 $k-1$ 的最短路径长度相同。

（2）从顶点 v_i 到顶点 v_j 的最短路径上经过编号为 k 的顶点。那么，该路径可分为两段：一段是从顶点 v_i 到顶点 v_k 的最短路径，另一段是从顶点 v_k 到顶点 v_j 的最短路径，此时最短路径长度等于这两段路径长度之和。

两种情况中的较小值，就是所求的从顶点 v_i 到顶点 v_j 的路径上中间顶点的编号不大于 k 的最短路径。

弗洛伊德思想可用如下表达式来描述：

$$A_{-1}[i][j]=\text{cost}[i][j]$$
$$A_k[i][j]=\min\{A_{k-1}[i][j], A_{k-1}[i][k]+A_{k-1}[k][j]\} \quad (0 \leqslant k \leqslant n\text{-}1)$$

其中，$A_k[i][j]$ 每迭代一次，从顶点 v_i 到顶点 v_j 的最短路径就多考虑了一个顶点，经过 n 次迭代后得到的 $A_{n-1}[i][j]$，就是从顶点 v_i 到顶点 v_j 的最短路径。对矩阵 A_{-1} 中的全部元素进行 n 次迭代后所得的矩阵 A_{n-1}，就是任意一对顶点之间的最短路径的长度。在弗洛伊德算法的实现过程中，二维数组 path[][] 保存最短路径。求 $A_k[i][j]$ 时，path[i][j] 存放从顶点 v_i 到顶点 v_j 中间顶点的编号不大于 k 的最短路径上前一个顶点的编号，在算法结束时，对 path[][] 的值回溯，可以得到从顶点 v_i 到顶点 v_j 的最短路径，如果 path[i][j]=-1，则说明

顶点 v_i 到顶点 v_j 的最短路径就是 $<v_i, v_j>$。

例如，对于图 7.22 所示的有向图，采用弗洛伊德算法求解过程如下。

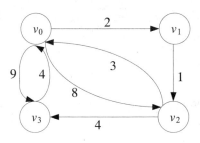

图 7.22　有向网

初始：

$$A_{-1}=\begin{bmatrix} 0 & 2 & 8 & 9 \\ \infty & 0 & 1 & \infty \\ 3 & \infty & 0 & 4 \\ 4 & \infty & \infty & 0 \end{bmatrix} \qquad path_{-1}=\begin{bmatrix} -1 & -1 & -1 & -1 \\ -1 & -1 & -1 & -1 \\ -1 & -1 & -1 & -1 \\ -1 & -1 & -1 & -1 \end{bmatrix}$$

考虑顶点 v_0，$A_0[i][j]$ 表示由顶点 v_i 到顶点 v_j 中间顶点的编号不大于 0 的最短路径。有如下路径存在：v_2-v_0-v_1，长度为 5；v_2-v_0-v_3，长度为 12；v_3-v_0-v_1，长度为 6；v_3-v_0-v_2，长度为 12。将 A[2][1] 改为 5，将 A[3][1] 改为 6，将 A[3][2] 改为 12，将 path[2][1]、path[3][1] 和 path[3][2] 均改为 0。因此，有：

$$A_0=\begin{bmatrix} 0 & 2 & 8 & 9 \\ \infty & 0 & 1 & \infty \\ 3 & 5 & 0 & 4 \\ 4 & 4 & 12 & 0 \end{bmatrix} \qquad path_0=\begin{bmatrix} -1 & -1 & -1 & -1 \\ -1 & -1 & -1 & -1 \\ -1 & 0 & -1 & -1 \\ -1 & 0 & 0 & -1 \end{bmatrix}$$

考虑顶点 v_1，$A_1[i][j]$ 表示由顶点 v_i 到顶点 v_j 中间顶点的编号不大于 1 的最短路径。有如下路径存在：v_0-v_1-v_2，长度为 3；v_3-v_0-v_1-v_2，长度为 7。将 A[0][2] 改为 3，将 A[3][2] 改为 7，将 path[0][2] 和 path[3][2] 均改为 1。因此，有：

$$A_1=\begin{bmatrix} 0 & 2 & 3 & 9 \\ \infty & 0 & 1 & \infty \\ 3 & 5 & 0 & 4 \\ 4 & 6 & 7 & 0 \end{bmatrix} \qquad path_0=\begin{bmatrix} -1 & -1 & 0 & -1 \\ -1 & -1 & -1 & -1 \\ -1 & 0 & -1 & -1 \\ -1 & 0 & 0 & -1 \end{bmatrix}$$

考虑顶点 v_2，$A_2[i][j]$ 表示由顶点 v_i 到顶点 v_j 中间顶点的编号不大于 2 的最短路径。有如下路径存在：v_0-v_1-v_2-v_3，长度为 7；v_1-v_2-v_0，长度为 4；v_1-v_2-v_3，长度为 5。所以将 A[0][3] 改为 7，将 A[1][0] 改为 4，将 A[1][3] 改为 5，将 path[0][3]、path[1][0] 和 path[1][3] 均改为 2。因此，有：

$$A_2=\begin{bmatrix} 0 & 2 & 3 & 7 \\ 4 & 0 & 1 & 5 \\ 3 & 5 & 0 & 4 \\ 4 & 6 & 7 & 0 \end{bmatrix} \qquad path_2=\begin{bmatrix} -1 & -1 & 1 & 2 \\ 2 & -1 & -1 & 2 \\ -1 & 0 & -1 & -1 \\ -1 & 0 & 1 & -1 \end{bmatrix}$$

考虑顶点 v_3，$A_3[i][j]$ 表示由顶点 v_i 到顶点 v_j 中间顶点的编号不大于 3 的最短路径。有如下路径存在：v_2-v_3-v_0，长度为 8；v_1-v_2-v_3-v_0，长度为 9。不影响 A[2][0] 和 A[1][0] 的值。因此，有：

$$A_3=\begin{bmatrix} 0 & 2 & 3 & 7 \\ 4 & 0 & 1 & 5 \\ 3 & 5 & 0 & 4 \\ 4 & 6 & 7 & 0 \end{bmatrix} \qquad path_3=\begin{bmatrix} -1 & -1 & 1 & 2 \\ 2 & -1 & -1 & 2 \\ -1 & 0 & -1 & -1 \\ -1 & 0 & 1 & -1 \end{bmatrix}$$

A_3 即为各顶点之间的最短路径长度矩阵。

弗洛伊德算法如下：

```
void Floyd(int cost[][MAXV],int n)
{   int A[MAXV][MAXV],path[MAXV][MAXV];int i,j,k;
    for (i=0;i<n;i++)
     for (j=0;j<n;j++)
    {    A[i][j]=cost[i][j];
         path[i][j]=-1;
    }
    for (k=0;k<n;k++)
        for (i=0;i<n;i++)
            for (j=0;j<n;j++)
                if (A[i][j]>(A[i][k]+A[k][j]))
                {   A[i][j]=A[i][k]+A[k][j];
                    path[i][j]=k;
                }
    Dispath(A,path,n);  // 输出最短路径
}
```

课 后 习 题

一、单项选择题

1. 在一个具有 n 个顶点的有向图中，若所有顶点的出度数之和为 s，则所有顶点的度数之和为（　　）。

A. s　　　　　　B. s-1　　　　　　C. s+1　　　　　　D. $2s$

2. 在一个具有 n 个顶点的无向完全图中，所含的边数为（　　）。

A. n　　　　　　B. $n(n$-1$)$　　　　C. $n(n$-1$)/2$　　　D. $n(n$+1$)/2$

3. 在一个具有 n 个顶点的有向完全图中，所含的边数为（　　）。

A. n　　　　　　B. $n(n$-1$)$　　　　C. $n(n$-1$)/2$　　　D. $n(n$+1$)/2$

4. 在一个无向图中，若两顶点之间的路径长度为 k，则该路径上的顶点数为（　　）。

A. k　　　　　　B. k+1　　　　　　C. k+2　　　　　　D. $2k$

5. 若要把 n 个顶点连接为一个连通图，则至少需要（　　）条边。

A. n　　　　　　B. n+1　　　　　　C. n-1　　　　　　D. $2n$

6. 在一个具有 n 个顶点和 e 条边的无向图的邻接矩阵中，表示边存在的元素（又称为

有效元素）的个数为（　　　　）。

  A. n B. $n \times e$ C. e D. $2 \times e$

  7. 在一个具有 n 个顶点和 e 条边的有向图的邻接表中，保存顶点单链表的表头指针向量的大小至少为（　　　　）。

  A. n B. $2n$ C. e D. $2e$

二、填空题

  1. 在一个图中，所有顶点的度数之和等于所有边数的_____倍。

  2. 在一个具有 n 个顶点的无向图中，要连通所有顶点，至少需要_____条边。

  3. 表示图的两种存储结构为_____和_____。

  4. 在一个连通图中存在_____个连通分量。

上 机 实 战

  1. 请用 Kruskal 算法解决 7.3.1 节案例。

  2. 赵云同学计划利用暑假去周围郊区的几个景点旅游。他打算每天从家（a 点）出发，游览一个景点，然后按原路返回。景点之间的路有的通有公交车，有的没有，需要步行。已知步行的速度为 10 千米 / 小时，乘车的速度为 50 千米 / 小时。现根据图 7.23 所示，编程帮赵云规划一下在路途中花费最短的时间而游览所有景点。（注：只考虑去的情形，a 为出发点，------ 表示有公交车，—— 表示步行，边上权值表示距离，单位为千米）

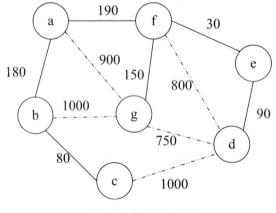

图 7.23　景点示意图

课堂微博：

第8章

查找

开场白

在一个风雨交加的夜晚，某水库闸房到防洪指挥部的电话线路发生了故障。这是一条10千米长的线路，如何迅速查出故障的所在呢？如果沿着线路一小段一小段查找，将会花费较长时间。而且每查一个点要爬一次电线杆，线路长10千米，有200多根电线杆。想一想，维修线路的工人师傅怎样工作最合理？[①]

此问题可利用二分法原理进行查找，设闸门和指挥部所在处分别为A、B，维修工从中点C查起，用随身带的话机向两端测试时，发现AC段正常，断定故障在BC段，再到BC中点D，发现BD段正常，可见故障在CD段，再到CD中点E，这样每查一次，就可以把待查线路长度缩减为一半，故经过7次查找，就可以将故障发生的范围缩小到50～100m，即在一两根电线杆附近。

对于生活中的一些故障排查、人员查询等问题，都可以通过二分法的思想来处理，其过程比较省事，速度比较快。网络时代出现了一个新的名词——SEO（Search Engine Optimization，搜索引擎优化），它是一种利用搜索引擎的搜索规则来提高目标网站在有关搜索引擎内的排名的方式。如今，如何让一个网站排名在前成了一个职业，正如孙膑赛马一样，小企业可以利用SEO，通过不同的策略避实就虚，以弱胜强。所以，与查找与搜索相关的研究是非常重要的一项工作。

---

① 开心就好，生活中运用到数学里二分法的事例 [EB], http://wenwen.soso.com/z/q310558264.htm,2011-08.

8.1　案例提出——词典中查找单词

【案例描述】

英汉电子词典中，针对已经排好序的英语单词，用折半查找法进行定位查找。

【案例说明】

（1）二分查找的前提是：必须采用顺序存储结构；必须按关键字大小有序排列。英汉词典恰恰符合这两个条件。

（2）输入一个英语单词，找到返回该单词的位置；否则返回 0。

（3）找到后，输出其对应的中文解释。

（4）结果如图 8.1 所示。

图 8.1　运行结果

【案例目的】

通过案例练习，掌握以折半查找为代表的查找算法的功能和作用及其处理过程。

【数据结构分析】

查找无处不在，如在百度上查找想要的信息、在淘宝网上搜寻想要的宝贝、在学生档案表中查找某位学生的情况记录、在英汉词典中查找某一英文单词的解释等。查找是一种十分有用的操作，也是数据库学习的基础。本章就来介绍各种常用的查找算法。

8.2　知识点学习

8.2.1　查找的基本概念

查找又称为检索或定位，是在某种数据结构的集合中找出满足给定条件的元素。被查找的对象是由一组记录组成的表或文件，而每个记录则由若干个数据项组成，并假设每个记录都有一个能唯一标识该记录的关键字。在这种条件下，查找的定义是：给定一个值 k，在含有 n 个记录的表中找出关键字等于 k 的记录。若找到，则查找成功，返回该记录的信息或该记录在表中的位置；否则，查找失败，返回相关的指示信息。

因为查找是对已存入计算机中的数据所进行的运算，所以采用何种查找方法首先取决于使用哪种数据结构来表示"表"，即表中的记录是按何种方式组织的。为了提高查找速度，常常用某些特殊的数据结构来组织表，或对表事先进行诸如排序这样的运算。因此，在研究各种查找方法时，首先必须弄清这些方法所需的数据结构（尤其是存储结构）是什么，以及对表中关键字的次序有何要求。例如，是对无序集合进行查找还是对有序集合查找等。

若在查找的同时对表做修改运算（如插入和删除），则相应的表称为动态查找表；否则称为静态查找表。

查找也有内查找和外查找之分。若整个查找过程都在内存中进行，则称为内查找；若查找过程中需要访问外存，则称为外查找。本书主要学习内查找。

由于查找运算的主要运算是关键字的比较，所以通常把查找过程中对关键字需要执行的平均比较次数（也称为平均查找长度）作为衡量一个查找算法效率优劣的标准。平均查找长度（Average Search Length，ASL）定义如下：

$$ASL= \sum_{i=1}^{n} p_i c_i$$

其中，n 是查找表中记录的个数；p_i 是查找第 i 个记录的概率，一般认为每个记录的查找概率相等，即 $p_i = 1/n$（$1 \leq i \leq n$）；c_i 是找到第 i 个记录所需进行的比较次数。

8.2.2　线性表的查找

线性表是表中最简单的一种查找组织方式。本节将介绍 3 种在线性表上进行查找的方法，分别是顺序查找、二分查找和分块查找。因为不考虑在查找的同时对表进行修改，故本节介绍的查找操作均是在静态查找表上实现的。

查找与数据的存储结构有关，线性表有顺序和链式两种存储结构。本节只介绍以顺序表作为存储结构时实现的顺序查找算法。被查找的顺序表类型定义如下：

```
#define MAXL <表中最多记录个数>
typedef struct
{   KeyType key;                          //KeyType 为关键字的数据类型
    InfoType data;                        // 其他数据
} NodeType;
typedef NodeType SeqList[MAXL];           // 顺序表类型
```

8.2.2.1　顺序查找

顺序查找是一种最自然的查找方法，其基本思路是：从表的一端开始，顺序扫描线性表，依次将扫描到的关键字和给定值 k 相比较，若当前扫描到的关键字与 k 相等，则查找成功；若扫描结束后，仍未找到关键字等于 k 的记录，则查找失败。算法如下：

```
int SeqSearch(SeqList R, int n, KeyType k)
{
    int i=0;
    while(i<n && R[i].key!=k)i++;          // 从表头往后查找
```

```
                    if(i>=n)
                        return -1;
            else
                        return i;
}
```

从顺序查找过程可以看到（不考虑越界比较 $i<n$），c_i 取决于所查记录在表中的位置。如查找表中的第 1 个记录 R[0]，仅需比较一次；查找表中最后一个记录 R[n-1] 时，则需比较 n 次，即 $c_i=i$。因此，成功时的顺序查找的平均查找长度为：

$$ASL_{sq}=\sum_{i=1}^{n} p_i c_i=\frac{1}{n}\sum_{i=1}^{n} i=\frac{1}{n}\times\frac{n(n+1)}{2}=\frac{n+1}{2}$$

即查找成功时的平均比较次数约为表长的一半。若 k 值不在表中，则需进行 $n+1$ 次比较之后，才能确定查找失败，所以查找不成功的平均长度为 $n+1$。

顺序查找的优点是算法简单，且对表的结构无任何要求，无论是用顺序表还是用链表来存放记录，也无论记录之间是否按关键字有序排列，都同样适用。顺序查找的缺点是查找效率低，因此当 n 较大时，不宜采用顺序查找。

8.2.2.2 二分查找

二分查找又称折半查找，是一种效率较高的查找方法。但是，二分查找要求线性表是有序表，即表中的记录按关键字有序排列。在下面的讨论中，假设有序表是递增有序的。

二分查找的基本思路是：设 R[low..high] 是当前的查找区间，首先确定该区间的中点位置 $mid=\left\lfloor\frac{(low+high)}{2}\right\rfloor$，然后将待查的 k 值与 R[mid].key 比较：

若 R[mid].key=k，则查找成功，并返回该位置。

若 R[mid].key>k，则由表的有序性可知，R[mid..n-1].key 均大于 k，因此若表中存在关键字等于 k 的记录，则该记录必定在位置 mid 左边的子表 R[0..mid-1] 中，故新的查找区间是左子表 R[0..mid-1]。

若 R[mid].key<k，则要查找的 k 必在 mid 的右边的子表 R[mid+1..n-1] 中，即新的查找区间是右子表 R[mid+1..n-1]，下一次查找针对新的查找区间进行。

因此，可以从初始的查找区间 R[0..n-1] 开始，每经过一次与当前查找区间中点位置上关键字的比较，就可确定查找是否成功，不成功则当前的查找区间缩小一半。重复这一过程，直至找到关键字为 k 的记录，或者直至当前的查找区间为空（即查找失败）时为止。

其算法如下（在有序表 R[0..n-1] 中进行二分查找，成功时返回记录的位置，失败时返回 -1）：

```
int BinSearch(SeqList R,int n,KeyType k)
{
    int low=0,high=n-1,mid;
```

```
    while(low<=high)
    {
            mid=(low+high)/2;
            if(R[mid].key==k)            // 查找成功返回
                    return mid;
            if(R[mid].key>k)             // 继续在 R[low..mid-1] 中查找
                    high=mid-1;
            else
                    low=mid+1;           // 继续在 R[mid+1..high] 中查找
    }
    return -1;
}
```

二分查找过程可用二叉树来描述。把当前查找区间中间位置上的记录作为根，左子表和右子表中的记录分别作为根的左子树和右子树，由此得到的二叉树，称为描述二分查找的判定树或比较树。

注意： 判定树的形态只与表记录个数 n 相关，而与输入实例中 R[0..n-1].key 的取值无关。

例如，具有 11 个记录（R[0..10]）的有序表可用如图 8.2 所示的判定树来表示。图中圆形记录表示内部结点，内部结点中的数字表示该记录在有序表中的位置；方形结点表示外部结点，外部结点中的两个值表示查找不成功时关键字等于给定值的记录所对应的记录序号范围，外部结点中 $i\sim j$ 表示被查找值 k 是介于 R[i].key 和 R[j].key 之间的，即 R[i].key<k<R[j].key。显然，若查找的记录是表中第 6 个记录（R[5]），则只需进行一次比较；若查找的记录是表中第 3 个（R[2]）或第 9 个记录（R[8]），则需进行两次比较；查找到第 1、4、7、10 个记录需要进行 3 次比较；查找到第 2、5、8、11 个记录需要进行 4 次比较。由此可见，成功的二分查找过程恰好走了一条从判定树的根到被查记录的路径，经历比较的关键字次数恰为该记录在树中的层数；若查找失败，则其比较过程经历了一条从判定树根到某个外部结点的路径，所需的关键字比较次数是该路径上内部结点的总数。

借助二叉判定树，很容易求得二分查找的平均查找长度。为讨论方便起见，不妨设内部结点的总数为 $n=2^h-1$（为满二叉树的情况），则判定树是高度为 $h=\log_2(n+1)$ 的满二叉树（深度 h 不计外部结点）。树中第 i 层上的记录个数为 2^{i-1}，查找该层上的每个记录需要进行 i 次比较。因此，在等概率假设下，二分查找成功时的平均查找长度为：

$$\text{ASL}_{bn}=\sum_{i=1}^{n}p_ic_i=\frac{1}{n}\sum_{i=1}^{n}2^{i-1}\times i=\frac{n+1}{2}\times\log_2(n+1)-1\approx\log_2(n+1)-1$$

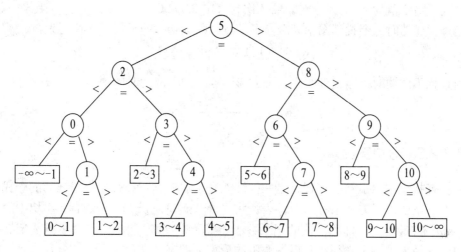

图 8.2　R[0..10] 的二分查找的判定树（*n*=11）

二分查找在查找失败时所需比较的关键字个数不超过判定树的深度，在最坏情况下查找成功的比较次数也不超过判定树的深度。因为判定树中度数小于 2 的记录只可能在最下面的两层上（不计外部结点），所以 *n* 个记录的判定树的深度和 *n* 个记录的完全二叉树的深度相同，即 $\lceil \log_2(n+1) \rceil$。由此可见，二分查找的最坏性能和平均性能相当接近。

虽然二分查找的效率高，但是要将表按关键字排序。排序本身是一种很费时的运算，即使采用高效率的排序方法也要花费 O(*n*log₂*n*) 的时间。另外，二分查找只适用于顺序存储结构，为保持表的有序性，在顺序结构里插入和删除都必须移动大量的记录。因此，二分查找特别适用于一经建立就很少改动，而又经常需要查找的线性表。

【例 8.1】给定 11 个数据元素的有序表 {2,3,10,15,20,25,28,29,30,35,40}，采用二分查找，试问：

（1）若要查找给定值为 20 的元素，将依次与表中哪些元素比较？

（2）若要查找给定值为 26 的元素，将依次与哪些元素比较？

（3）假设查找表中每个元素的概率相同，求查找成功时的平均查找长度和查找不成功时的平均查找长度。

二分查找判定树如图 8.3 所示。

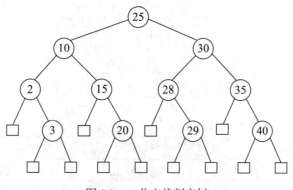

图 8.3　二分查找判定树

当查找给定值为 20 的元素时，需依次与表中 25、10、15、20 元素比较，共比较 4 次。

当查找给定值为 26 的元素时，需依次与表中 25、30、28 元素比较，共比较 3 次。

当查找成功时，会找到图中某个圆形结点，则成功时的平均查找长度为：

$$ASL_{succ}= \frac{1\times1+2\times2+4\times3+4\times4}{11} =3$$

当查找不成功时，会找到图中某个方形结点，则不成功时的平均查找长度为：

$$ASL_{unsucc}= \frac{4\times3+8\times4}{12} =3.67$$

8.2.2.3　分块查找

分块查找又称索引顺序查找，是一种性能介于顺序查找和二分查找之间的查找方法。它要求按如下的索引方式来存储线性表：将表 R[0..n-1] 均分为 b 块，前 b-1 块中记录个数为 $s=\lceil n/b \rceil$，最后一块即第 b 块的记录数小于等于 s；每一块中的关键字不一定有序，但前一块中的最大关键字必须小于后一块中的最小关键字，即要求表是"分块有序"的；抽取各块中的最大关键字及其起始位置构成一个索引表 IDX[0..b-1]，即 IDX[i]（$0 \leqslant i \leqslant b$-1）中存放着第 i 块的最大关键字及该块在表 R 中的起始位置。由于表 R 是分块有序的，所以索引表是一个递增有序表。

索引表的数据类型定义如下：

```
#define MAXI <索引表的最大长度>
typedef struct
{   KeyType key;                    //KeyType 为关键字的类型
    int link;                       // 指向对应块的起始下标
} IdxType;
typedef IdxType IDX[MAXI];          // 索引表类型
```

例如，设有一个线性表，其中包含 25 个记录，其关键字序列为 {8,14,6,9,10,22,34,18, 19,31,40,38,54,66, 46,71,78,68,80,85,100, 94,88,96,87}。假设将 25 个记录分为 5 块，每块中有 5 个记录，该线性表的索引存储结构如图 8.4 所示。第 1 块中最大关键字 14 小于第 2 块中最小关键字 18，第 2 块中最大关键字 34 小于第 3 块中最小关键字 38 等。

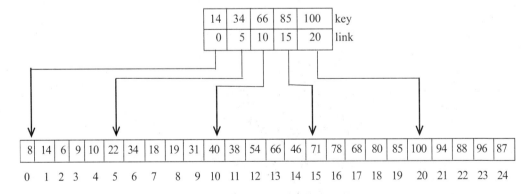

图 8.4　分块有序表的索引存储表示

　　分块查找的基本思路是：首先查找索引表，因为索引表是有序表，故可采用二分查找或顺序查找，以确定待查的记录在哪一块，然后在已确定的块中进行顺序查找（因块内无序，只能用顺序查找）。

　　例如，在如图 8.4 所示的存储结构中，查找关键字等于给定值 $k=80$ 的记录，因为索引表较小，不妨用顺序查找方法查找索引表。即首先将 k 依次和索引表中各关键字比较，直到找到第 1 个关键字大于等于 k 的记录，由于 $k \leqslant 85$，所以若关键字为 80 的记录存在，则必定在第 4 块中，然后由 IDX[3].link 找到第 4 块的起始地址 15，从该地址开始在 R[15..19] 中进行顺序查找，直到 R[18].key=k 为止。若给定值 $k=30$，则同理先确定第 2 块，然后在该块中查找。因该块中查找不成功，故说明表中不存在关键字为 30 的记录。

　　采用二分查找索引表的分块查找算法如下（索引表 I 的长度为 m）：

```
int IdxSearch(IDX I,int m,SeqList R,int n,KeyType k)
{    int low=0,high=m-1,mid,i;
     int b=n/m;                          //b 为每块的记录个数
     while (low<=high)                   // 在索引中二分查找
     {      mid=(low+high)/2;
            if (I[mid].key>=k)  high=mid-1;
            else  low=mid+1;
     }
     if (low<m)                          // 在块中顺序查找
     {      i=I[low].link;
            while (i<=I[low].link+b-1 && R[i].key!=k)
                    i++;
            if (i<=I[low].link+b-1)
                    return i;
            else
                    return -1;
     }
     return -1;
}
```

　　由于分块查找实际上是两次查找过程，故整个查找过程的平均查找长度是两次查找的平均查找长度之和。

　　若以二分查找确定块，则分块查找成功时的平均查找长度为：

$$\text{ASL}_{\text{blk}}=\text{ASL}_{\text{bn}}+\text{ASL}_{\text{sq}}=\log_2(h+1)-1+\frac{s+1}{2} \approx \log_2\left(\frac{n}{s}+1\right)+\frac{s}{2}$$

　　若以顺序查找确定块，则分块查找成功时的平均查找长度为：

$$\text{ASL}'_{\text{blk}}=\text{ASL}_{\text{bn}}+\text{ASL}_{\text{sq}}=\frac{b+1}{2}+\frac{s+1}{2}=\frac{s^2+2s+n}{2s}$$

　　显然，当 $s=\sqrt{n}$ 时，ASL'_{blk} 取极小值 $\sqrt{n+1}$，即当采用顺序查找确定块时，应将各

块中的记录数选定为 $\sqrt{n}$，这时的查找性能最优。例如，若表中有 10000 个记录，则应把该表分成 100 个块，每个块中含 100 个记录。以顺序查找确定块，用分块查找平均需要做 100 次比较，用顺序查找平均需要做 5000 次比较，而用二分查找只需 14 次比较。由此可见，分块查找算法的效率介于二分查找和顺序查找之间。

分块查找的优点是在表中插入或删除一个记录时，只要找到该记录所属的块，就在该块内进行插入和删除运算。因为块内记录的存放是任意的，所以插入或删除比较容易，无须移动大量记录。分块查找的主要代价是增加一个辅助数组（索引表）的存储空间和将初始表分块排序的运算。

【例 8.2】对于具有 144 个记录的文件，若采用分块查找法查找，则分成几块最好？每块的最佳长度为多少？假定每块长度为 8，且块中均采用顺序查找法查找，则平均查找长度是多少？

对于具有 144 个记录的文件，若采用分块查找法查找，则分成 $\sqrt{144}=12$ 块最好，每块的最佳长度为 12 个记录。假定每块长度为 8，则平均查找长度为：

$$ASL = \frac{1}{2}(b+s)+1 = \frac{1}{2}\left(\frac{144}{8}+8\right)+1 = 14$$

8.2.3　树表查找——二叉排序树

8.2.3.1　二叉排序树的概念

当表的插入或删除操作较频繁时，为维护表的有序性，需要移动表中很多记录。这种由移动记录引起的额外时间开销会抵消二分查找的优点。也就是说，二分查找只适用于静态查找表。若要对动态查找表进行高效率的查找，可采用特殊的二叉树或树作为表的组织形式，在这里将它们统称为树表。本节主要介绍利用二叉排序树进行查找和修改操作的方法。

二叉排序树（简称 BST）又称二叉查找（搜索）树，它或者是空树，或者是满足如下性质的二叉树：

（1）若左子树非空，则左子树上所有记录的值均小于根记录的值。

（2）若右子树非空，则右子树上所有记录的值均大于根记录的值。

（3）左、右子树本身又各是一棵二叉排序树。

上述性质简称二叉排序树性质（简称为 BST 性质），故二叉排序树实际上是满足 BST 性质的二叉树。由 BST 性质可知，二叉排序树中任一记录 x，其左（右）子树中任一记录 y（若存在）的关键字必小（大）于 x 的关键字。如此定义的二叉排序树中，各记录关键字是唯一的。但实际应用中，不能保证被查找的数据集中各元素的关键字互不相同，所以可将二叉排序树定义中 BST 性质（1）里的"小于"改为"小于等于"，或将 BST 性质（2）里的"大于"改为"大于等于"，甚至可同时修改这两个性质。

从 BST 性质可推出二叉排序树的另一个重要性质：按中序遍历该树得到的中序序列是一个递增有序序列。

在讨论二叉排序树上的运算之前，先定义其结点的类型如下：

```
typedef struct Node                     //记录类型
{   KeyType key;                        //关键字项
    InfoType data;                      //其他数据域
    struct Node *lchild,*rchild;        //左、右孩子指针
} BSTNode;
```

8.2.3.2　二叉排序树的插入和生成

在二叉排序树中插入一个新记录，要保证插入后仍满足 BST 性质。其插入过程是：若二叉排序树 T 为空，则创建一个 key 域为 k 的结点，将它作为根结点；否则将 k 和根结点的关键字比较，若二者相等，则说明树中已有此关键字 k，无须插入，直接返回 0；若 $k<T\text{->}key$，则将 k 插入根结点的左子树中，否则将它插入右子树中。对应的递归算法 InsertBST() 如下：

```
int InsertBST(BSTNode *&p,KeyType k)
//在以 *p 为根结点的 BST 中插入一个关键字为 k 的结点。插入成功返回 1，否则返回 0
{
    if(p==NULL)                                 //原树为空，新插入的记录为根结点
    {       p=new BSTNode( );
            p->key=k;
            p->lchild=p->rchild=NULL;
            return 1;
    }
    else if (k==p->key)                         //存在相同关键字的结点，返回 0
            return 0;
    else if (k<p->key)
            return InsertBST(p->lchild,k);      //插入到左子树中
    else
            return InsertBST(p->rchild,k);      //插入到右子树中
}
```

二叉排序树的生成是从一个空树开始，每插入一个关键字，就调用一次插入算法将它插入到当前已生成的二叉排序树中。从关键字数组 A[0..n-1] 生成二叉排序树的算法 CreatBST() 如下：

```
BSTNode *CreatBST(KeyType A[],int n)            //返回树根指针
{   BSTNode *bt=NULL;                           //初始时 bt 为空树
    int i=0;
    while (i<n)
```

```
        {
                InsertBST(bt,A[i]);                     // 将 A[i] 插入二叉排序树 T 中
                i++;
        }
        return bt;                                      // 返回建立的二叉排序树的根指针
}
```

若关键字数组的元素为 {5,2,1,6,7,4,8,3,9}，上述算法生成的二叉排序树如图 8.5（a）所示；若关键字数组的元素为 {1,2,3,4,5,6,7,8,9}，上述算法生成的二叉排序树如图 8.5（b）所示。

因为二叉排序树的中序序列是一个有序序列，所以，对于一个任意的关键字序列，构造一棵二叉排序树，其实质是对此关键字序列进行排序，使其变为有序序列。"排序树"的名称也由此而来。通常将这种排序称为树排序，可以证明这种排序的平均执行时间为 $O(n\log_2 n)$。

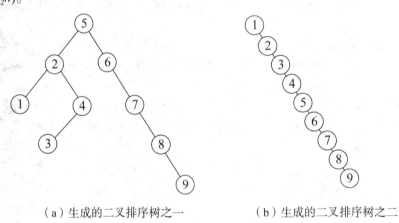

（a）生成的二叉排序树之一　　　　　　（b）生成的二叉排序树之二

图 8.5　两棵二叉排序树

8.2.3.3　二叉排序树上的查找

因为二叉排序树可看作是一个有序表，所以在二叉排序树上进行查找与二分查找类似，也是一个逐步缩小查找范围的过程。递归查找算法 SearchBST() 如下（在二叉排序树 bt 上查找关键字为 k 的记录，成功时返回该结点指针，否则返回 NULL）：

```
BSTNode *SearchBST(BSTNode *bt,KeyType k)
{   if (bt==NULL || bt->key==k)                         // 递归终结条件
            return bt;
    if (k<bt->key)
            return SearchBST(bt->lchild,k);             // 在左子树中递归查找
    else
            return SearchBST(bt->rchild,k);             // 在右子树中递归查找
}
```

如果不仅要找到关键字为 k 的结点，还要找到其双亲结点，采用的递归查找如下：

```
BSTNode *SearchBST1(BSTNode *bt, KeyType k, BSTNode *f1,BSTNode *&f)
{
    if(bt==NULL)
    {
            f=NULL;
            return NULL;
    }
    else if(k==bt->key)
    {
            f=f1;
            return bt;
    }
    else if(k<bt->key)
            return SearchBST1(bt->lchild,k,bt,f);   // 在左子树中递归查找
    else
            return SearchBST1(bt->rchild,k,bt,f);   // 在右子树中递归查找
}
```

注意：在 bt 中查找关键字为 k 的结点，若查找成功，该函数返回该结点的指针，f 返回其双亲结点，否则，该函数返回 NULL。其调用方法为：SearchBST1(bt,x,f1,f)；其中第 3 个参数 f1 仅作中间参数，用于求 f，初始设为 NULL。

显然，在二叉排序树上进行查找，若查找成功，则是从根记录出发，走了一条从根到待查记录的路径；若查找不成功，则是从根记录出发，走了一条从根到某个叶子的路径。因此，与二分查找类似，关键字比较的次数不超过树的深度。然而，二分查找法查找长度为 n 的有序表时，其判定树是唯一的，而含有 n 个记录的二叉排序树却不唯一。对于含有同样一组记录的表，由于记录插入的先后次序不同，所构成的二叉排序树的形态和深度也可能不同，如图 8.5（a）和图 8.5（b）所示的两棵二叉排序树的深度分别是 5 和 9。因此，在查找失败的情况下，在这两棵树上所进行的关键字比较次数分别为 5 和 9；在查找成功的情况下，平均查找长度也不相同。对于图 8.5（a）所示的二叉排序树，在等概率假设下，查找成功的平均查找长度为：

$$ASL_a = \frac{1+2\times2+3\times3+4\times2+5\times1}{9} = 3$$

类似地，在等概率假设下，图 8.5（b）所示的树在查找成功时的平均查找长度为：

$$ASL_b = \frac{1+2+3+4+5+6+7+8+9}{9} = 5$$

由此可见，在二叉排序树上进行查找时的平均查找长度和二叉排序树的形态有关。在最坏情况下，二叉排序树是通过把一个有序表的 n 个记录依次插入而生成的，此时所得的二叉排序树蜕化为一棵深度为 n 的单支树，其平均查找长度和单链表上的顺序查找相

同，也是 $(n+2)/2$。在最好的情况下，二叉排序树在生成的过程中其形态比较匀称，最终得到的是一棵形态与二分查找的判定树相似的二叉排序树，此时它的平均查找长度大约是 $\log 2n$。

就平均时间性能而言，二叉排序树上的查找和二分查找相似。但就维护表的有序性而言，前者更有效，因为无须移动记录，只需修改指针即可完成对二叉排序树的插入和删除操作，且其平均的执行的时间均为 $O(\log_2 n)$。

【例 8.3】已知一组关键字为 {25,18,46,2,53,39,32,4,74,67,60,11}。按表中的元素顺序依次插入到一棵初始为空的二叉排序树中，画出该二叉排序树，并求在等概率的情况下查找成功的平均查找长度。

生成的二叉排序树如图 8.6 所示。

$$ASL = \frac{1 \times 1 + 2 \times 2 + 3 \times 3 + 3 \times 4 + 2 \times 5 + 1 \times 6}{12} = 3.5$$

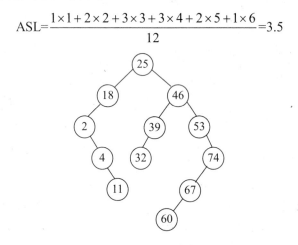

图 8.6 二叉排序树

【例 8.4】设计一个算法，对于给定的二叉排序树中的结点 *p，找出其左子树中的最大结点和右子树中的最小结点。

根据二叉排序树的定义可知，一棵二叉排序树中的最大结点为根结点的最右下结点，最小结点为根结点的最左下结点。对应的算法如下：

```
void maxminNode(BSTNode *p)
{   if(p!=NULL)
    {       if(P->ichild!=NULL)
                cout<<" 左子树的最大结点为 : "<<maxNode(p->lchild<<endl;
            if(p->rchild!=NULL)
                cout<<" 右子树的最小结点为 : "<<minNode(p->rchild<<endl;
    }
}
KeyType maxNode(BSTNode *p)                 // 返回一棵二叉排序树中最大结点关键字
{
    while(p->rchild!=NULL)
            p=p->rchild;
```

```
    return(p->key);
}
KeyType minNode(BSTNode *p)                    // 返回一棵二叉排序树中最小结点关键字
{
    while(p->lchild!=NULL)
            p=p->lchild;
    return(p->key);
}
```

8.2.3.4 二叉排序树的删除

从二叉排序树中删除一个记录时，不能把以该记录为根的子树都删除，只能删除该记录本身，并且还要保证删除后所得的二叉树仍然满足 BST 性质。也就是说，在二叉排序树中删除一个记录相当于删除有序序列（即该树的中序序列）中的一个记录。

删除操作必须首先进行查找，并假设在查找过程结束时已经保存了待删除结点及其双亲结点的地址。指针变量 p 指向待删除的结点，指针变量 q 指向待删除结点 P 的双亲结点。删除过程如下：

（1）若待删除的结点是叶子结点，直接删除该结点。如图 8.7 所示，直接删除结点 9。这是最简单的删除结点情况。

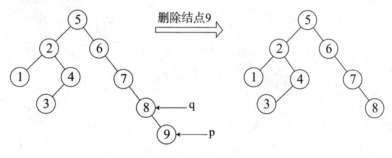

图 8.7 删除结点 9

（2）若待删除的结点只有左子树而无右子树，根据二叉排序树的特点，可以直接将其左子树的根结点放在被删结点的位置。如图 8.8 所示，*p 作为 *q 的右子树根结点，要删除 *p 结点，只需将 *p 的左子树（其根结点为 3）作为 *q 结点的右子树。

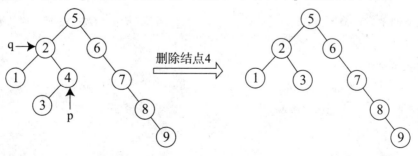

图 8.8 删除结点 4

（3）若待删除的结点只有右子树而无左子树，与（2）情况类似，可以直接将其右子树的根结点放在被删结点的位置。如图 8.9 所示，*p 作为 *q 的左子树根结点，要删除 *p 结点，只需将 *p 的右子树（其根结点为 8）作为 *q 结点的右子树。

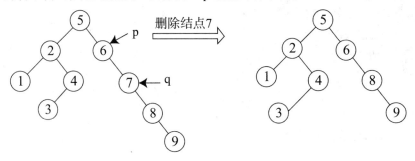

图 8.9　删除结点 7

（4）若待删除的结点同时有左子树和右子树，根据二叉排序树的特点，可以从其左子树中选择关键字最大的结点或从其右子树中选择关键字最小的结点放在被删除结点的位置上。假如选取左子树上关键字最大的结点，那么该结点一定是左子树的最右下结点。如图 8.10 所示，若要删除 *p（其关键字为 5）结点，找到其左子树最右下结点 4，其双亲结点为 2，用它代替 *p 结点，并将其原来的左子树（其根结点为 3）作为原来的双亲结点 2 的右子树。

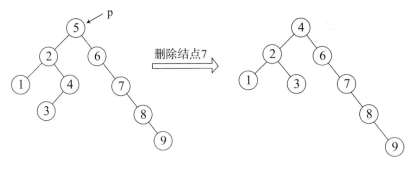

图 8.10　删除结点 5

删除二叉排序树结点的算法 DeleteBST() 如下（指针变量 p 指向待删除的结点，指针变量 q 指向待删除结点 *p 的双亲结点）：

```
void Delete1(BSTNode *p,BSTNode *&r)        //当被删除 *p 结点有左、右子树时的删除过程
{ BSTNode *q;
    if (r->rchild!=NULL)
            Delete1(p,r->rchild);            //递归查找最右下的结点
    else        //找到了最右下结点 *r
    {

            p->key=r->key;                   //将 *r 的关键字值赋给 *p
```

```
                q=r;
                r=r->lchild;                    // 将左子树的根结点放在被删结点的位置
                delete q;                        // 释放原 *r 的空间
        }
}
void Delete(BSTNode *&p)                         // 从二叉排序树中删除 *p 结点
{   BSTNode *q;
    if (p->rchild==NULL)                         //*p 结点没有右子树的情况
    {
            q=p;
            p=p->lchild;                         // 将右子树的根结点放在被删结点的位置
            delete q;
    }
    else if (p->lchild==NULL)                    //*p 结点没有左子树
    {
            q=p;
            p=p->rchild;                         // 将 *p 结点的右子树作为双亲结点的相应子树
            delete q;
    }
    else
            Delete1(p,p->lchild);                //*p 结点既没有左子树也没有右子树的情况
}
int DeleteBST(BSTNode *&bt,KeyType k)           // 在 bt 中删除关键字为 k 的结点
{   if (bt==NULL)
      return 0;                                  // 空树，删除失败
    else
    {
        if (k<bt->key)
            return DeleteBST(bt->lchild,k);      // 递归在左子树中删除为 k 的结点
        else if (k>bt->key)
            return DeleteBST(bt->rchild,k);      // 递归在右子树中删除为 k 的结点
        else
            {
                Delete(bt);                      // 调用 Delete(bt) 函数，删除 *bt 结点
                return 1;
            }
    }
}
```

8.3 案例问题解决

【算法思路】

折半查找的思想为：在有序表中，取中间元素作为比较对象，若给定值与中间元素的关键码相等，则查找成功；若给定值小于中间元素的关键码，则在中间元素的左半区继续查找；若给定值大于中间元素的关键码，则在中间元素的右半区继续查找。不断重复上述查找过程，直到查找成功，或所查找的区域无数据元素（即查找失败）为止。

【源程序与分析】

```
typedef struct
{
    KeyType english[10];
    InfoType chinese[10];
}SeqList;
int BinSearch(SeqList dict[],int n, char a[])
{   int low=0,high=n-1,mid;
    while(low<=high)
    {    mid=(low+high)/2;
         if(strcmp(dict[mid].english,a)==0)        // 查找成功返回
                  return mid;
         if(strcmp(dict[mid].english,a)>0)         // 继续在 R[low..mid-1] 中查找
                  high=mid-1;
         else
                  low=mid+1;                        // 继续在 R[mid+1..high] 中查找
    }
    return -1;
    }
void  main()
{
    const int N=12;
    int location;
    char a[100];
    SeqList dictionary[N]={{"abstract"," 摘要 "},{"advance"," 先进 "},{"afraid"," 担心 "},{"again"," 再"},{"ago",
" 以前 "},{"alone"," 孤独 "},{"am"," 是 "},{"blue"," 蓝色 "},{"bone"," 骨头 "},{"boy"," 男孩 "},{"buy",
" 购买 "},{"bone"," 骨头 "}};
cin>>a;
    location=BinSearch(dictionary,N,a);
    if(location==-1)
```

```
                cout<<" 对不起，没找到此单词 !\n";
        else
                cout<<"\n 第 "<< location+1<<" 个单词 "<<dictionary[location].chinese<<endl;
}
```

8.4　知识与技能扩展——哈希表查找

8.4.1　哈希表的基本概念

哈希表（Hash Table）又称散列表，是除顺序表存储结构、链接表存储结构和索引表存储结构之外的另一种存储线性表的存储结构。哈希表存储的基本思路是：设要存储的对象个数为 n，设置一个长度为 m（$m \geq n$）的连续内存单元，以线性表中每个对象的关键字 k_i（$0 \leq i \leq n\text{-}1$）为自变量，通过一个称为哈希函数的函数 $h(k_i)$，把 k_i 映射为内存单元的地址（或称下标）$h(k_i)$，并把该对象存储在该内存单元中。$H(k_i)$ 也称为哈希地址（又称为散列地址）。把如此构造的线性表存储结构称为哈希表。

但是存在这样的问题，对于两个关键字 k_i 和 k_j（$i \neq j$），有 $k_i \neq k_j$（$i \neq j$），但 $h(k_i)=h(k_j)$。通常把这种现象叫做哈希冲突，把这种具有不同关键字而具有相同哈希地址的对象称做同义词，由同义词引起的冲突称做同义词冲突。在哈希表存储结构的存储中，同义词冲突是很难避免的，除非关键字的变化区间小于等于哈希地址的变化区间，而这种情况当关键字取值不连续时非常浪费空间。通常情况下，关键字的取值区间会远大于哈希地址的变化区间。

一旦哈希表建立，在哈希表中进行查找的方法就是以要查找关键字 k 为映射函数的自变量、以建立哈希表时使用的同样的哈希函数 $h(k)$ 为映射函数得到一个哈希地址（设该地址中对象的关键字为 k_i），比较要查找的关键字 k 和 k_i。如果 $k=k_i$，则查找成功；否则，以建立哈希表时使用的同样的哈希冲突函数得到新的哈希地址（设该地址中对象的关键字为 k_j），比较要查找的关键字 k 和 k_j。如果 $k=k_j$，则查找成功；否则，以同样的方式继续查找，直到查找成功，或查找完 m 个存储单元仍未查找到而查找失败为止。

归纳起来：

（1）哈希函数是一个映象，即将关键字的集合映射到某个地址集合上，其设置很灵活，只要这个地址集合的大小不超出允许范围即可。

（2）由于哈希函数是一个压缩映象，因此，在一般情况下很容易产生"冲突"现象，即 $key1 \neq key2$，而 $f(key1) = f(key2)$。

（3）很难找到一个不产生冲突的哈希函数。一般情况下，只能选择恰当的哈希函数，使冲突尽可能少产生。

8.4.2　哈希函数构造方法

构造哈希函数的目标是使得到的哈希地址尽可能均匀地分布在 n 个连续内存单元地址

上，同时使计算过程尽可能简单，以达到尽可能高的时间效率。根据关键字的结构和分布的不同，可构造出许多不同的哈希函数。这里主要讨论几种常用的整数类型关键字的哈希函数构造方法。

1. 直接定址法

直接定址法是以关键字 k 本身或关键字加上某个数值常量 c 作为哈希地址的方法。直接定址法的哈希函数 $h(k)$ 为：

$$h(k)=k+c\ (\ c \geqslant 0\ )$$

这种哈希函数计算简单，并且不可能有冲突发生。当关键字的分布基本连续时，可用直接定址法的哈希函数；否则，将造成内存单元的大量浪费。

2. 除留余数法

除留余数法是用关键字 k 除以某个不大于哈希表长度 m 的数 p 所得的余数作为哈希地址的方法。除留余数法的哈希函数 $h(k)$ 为：

$$h(k)=k \bmod p\ (\text{mod 为求余运算，}\ p \leqslant m\ )$$

除留余数法计算比较简单，适用范围广，是最常使用的一种哈希函数。这种方法的关键是选好 p，使得记录集合中的每个关键字通过该函数转换后映射到哈希表范围内任意地址上的概率相等，从而尽可能减少发生冲突的可能性。例如，p 取奇数比 p 取偶数好。理论研究表明，p 取不大于 m 的素数时效果最好。

3. 数字分析法

数字分析法是提取关键字中取值较均匀的数字位作为哈希地址的方法，适合于所有关键字值都已知的情况，并需要对关键字中每一位的取值分布情况进行分析。例如，对于一组关键字 $\{92317602,92326875,92739628,92343634,92706816,92774638,92381262,92394220\}$，通过分析可知，每个关键字从左到右的第 1、2、3 位和第 6 位取值较集中，不宜作为哈希函数，剩余的第 4、5、7 和 8 位取值较分散，可根据实际需要取其中的若干位作为哈希地址。若取最后两位作为哈希地址，则哈希地址的集合为 $\{2,75,28,34,16,38,62,20\}$。

其他构造整数关键字的哈希函数的方法还有平方取中法、折叠法等。平方取中法是取关键字平方后分布均匀的几位作为哈希地址的方法；折叠法是先把关键字中的若干段作为一小组，然后把各小组折叠相加后分布均匀的几位作为哈希地址的方法。

【例 8.5】假设哈希表长度 $m=13$，采用除留余数法建立如下关键字集合的哈希表 $\{16,74,60,43,54,90,46,31,29,88,77\}$。

$n=11$，$m=13$，除留余数法的哈希函数为 $h(k)=k \bmod p$，p 应为小于等于 m 的素数，假设 p 取值 13。则有：$h(16)=3$，$h(74)=9$，$h(60)=8$，$h(43)=4$，$h(54)=2$，$h(90)=12$，$h(46)=7$，$h(31)=5$，$h(29)=3$，$h(88)=10$，$h(77)=12$。

注意，此处存在冲突。

8.4.3 哈希冲突解决方法

解决哈希冲突的方法有许多，可分为开放定址法和拉链法两大类。其基本思路是当发生哈希冲突时，通过哈希冲突函数（设为 $h_x(k)$（$x=1,2,\cdots,m,1$））产生一个新的哈希地址，

使 $h_x(k_i) \neq h_x(k_j)$。哈希冲突函数产生的哈希地址仍可能有哈希冲突问题，此时再用新的哈希冲突函数得到新的哈希地址，一直到不存在哈希冲突为止。因此，有 $i=1,2,\cdots,m-1$。这样就把要存储的 n 个记录，通过哈希函数映射得到的哈希地址（当哈希冲突时通过哈希冲突函数映射得到的哈希地址）存储到了 m 个连续内存单元中，从而完成了哈希表的建立。

在哈希表中，虽然冲突很难避免，但发生冲突的可能性却有大有小，主要与以下 3 个因素有关。

（1）装填因子 α。所谓装填因子，指哈希表中已存入的记录数 n 与哈希地址空间大小 m 的比值，即 $\alpha=m/n$，α 越小，冲突的可能性越小；α 越大（最大可取 1），冲突的可能性越大。这是因为 α 越小，哈希表中空闲单元的比例越大，所以待插入记录同已存在记录发生冲突的可能性就越小；反之，α 越大，哈希表中空闲单元的比例越小，所以待插入记录同已存在记录发生冲突的可能性就越大。另一方面，α 越小，存储空间的利用率越低；反之，存储空间的利用率越高。为了减少冲突的发生，又能兼顾存储空间的利用率，通常使最终的 α 控制在 0.6~0.9 的范围内。

（2）所采用的哈希函数。若哈希函数选择得当，可使哈希地址尽可能均匀地分布在哈希地址空间上，从而减少冲突的发生；否则，如果哈希地址过于集中在某些区域，将会加大冲突的发生。

（3）解决冲突的哈希冲突函数。哈希冲突函数选择的好坏也会减少或增加发生冲突的可能性。

下面介绍常用的解决哈希冲突的开放定址法和拉链法。

1．开放定址法

开放定址法是一类以发生冲突的哈希地址为自变量，通过某种哈希冲突函数得到一个新的空闲的哈希地址的方法。在开放定址法中，哈希表中的空闲单元（假设其下标为 d）不仅允许哈希地址为 d 的同义词关键字使用，而且也允许发生冲突的其他关键字使用，因为这些关键字的哈希地址不为 d，所以称为非同义词关键字。开放定址法的名称就来自此方法的哈希表空闲单元既向同义词关键字开放，也向发生冲突的非同义词关键字开放。至于哈希表的一个地址中存放的是同义词关键字还是非同义词关键字，要看谁先占用它，这和构造哈希表的记录排列次序有关。

下面介绍几种常用的开放定址法。

（1）线性探查法。线性探查法是从发生冲突的地址（设为 d）开始，依次探查 d 的下一个地址（当到达下标为 $m-1$ 的哈希表表尾时，下一个探查的地址是表首地址 0），直到找到一个空闲单元为止（当 $m \geqslant n$ 时，一定能找到一个空闲单元）。线性探查法的数学递推公式为：

$$d_0=h(k);\ d_i=(d_{i-1}+1) \bmod m\ (1 \leqslant i \leqslant m-1)$$

线性探查法容易产生堆积问题。这是由于当连续出现若干个同义词后（设第 1 个同义词占用单元 d，则连续若干个同义词将占用哈希表的 $d,d+1,d+2$ 等单元），随后任何 $d+1,d+2$ 等单元上的哈希映射都会由于前面的同义词堆积而产生冲突，尽管随后的这些关键字并没有同义词。

（2）平方探查法。设发生冲突的地址为 d，则平方探查法的探查序列为 $d+1^2,d+2^2,\cdots$。平方探查法的数学描述公式为：

$$d_0=h(k); d_i=(d_0+i^2) \bmod m（1 \leqslant i \leqslant m\text{-}1）$$

平方探查法是一种较好的处理冲突的方法，可以避免出现堆积问题。其缺点是不能探查到哈希表上的所有单元，但至少能探查到一半单元。

【例8.6】对例8.5构造的哈希表采用线性探查法解决冲突。

$h(16)=3, h(74)=9, h(60)=8, h(43)=4,$

$h(54)=2, h(90)=12, h(46)=7, h(31)=5,$

$h(29)=3$ 冲突

$d_0=3, d_1=(3+1) \bmod 13=4$ 仍冲突

$d_2=(4+1) \bmod 13=5$ 仍冲突

$d_3=(5+1) \bmod 13=6$

$h(88)=10$

$h(77)=12$ 冲突

$d_0=12, d_1=(12+1) \bmod 13=0$

建立的哈希表 $ha[0..12]$ 如表8.1所示。

表 8.1 哈希表 $ha[0..12]$

下 标	0	1	2	3	4	5	6	7	8	9	10	11	12
k	77		54	16	43	31	29	46	60	74	88		90
探查次数	2		1	1	1	1	4	1	1	1	1		1

2．拉链法

拉链法是把所有的同义词用单链表链接起来的方法。在这种方法中，哈希表每个单元中存放的不再是记录本身，而是相应同义词单链表的头指针。由于单链表中可插入任意多个结点，所以此时装填因子 α 根据同义词的多少，既可以设定为大于1，也可以设定为小于或等于1，通常取 $\alpha=1$。

与开放定址法相比，拉链法有如下几个优点：

（1）拉链法处理冲突简单，且无堆积现象，即非同义词绝不会发生冲突，因此平均查找长度较短。

（2）由于拉链法中各链表上的记录空间是动态申请的，故它更适合于造表时无法确定表长的情况。

（3）开放定址法为减少冲突，要求装填因子 α 较小，故当数据规模较大时会浪费很多空间。拉链法中可取 $\alpha \geqslant 1$，且记录较大时，拉链法中增加的指针域可忽略不计，因此节省空间。

（4）在用拉链法构造的哈希表中，删除记录的操作易于实现，只要简单地删除链表上相应的记录即可。对开放定址法构造的哈希表，删除记录不能简单地将被删记录的空间置为空，否则将截断在它之后填入哈希表的同义词记录的查找路径，这是因为各种开放定址法中，空地址单元（即开放定址）都是查找失败的条件。因此在用开放地址法处理冲突的哈希表上执行删除操作，只会在被删记录上做删除标记，而不能真地正删除记录。

拉链法的缺点：指针需要额外的空间，故当记录规模较小时，开放定址法较为节省空间。将节省的指针空间用来扩大哈希表的规模，可使装填因子变小，从而减少了开放定址法中的冲突，提高平均查找速度。

【例 8.7】对例 8.5 构造的哈希表采用拉链法解决冲突。

采用拉链法解决冲突，建立的链表如图 8.11 所示。

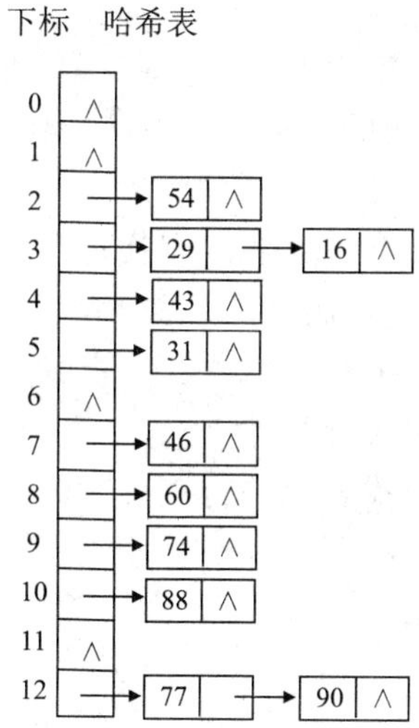

下标 哈希表

图 8.11 采用拉链法解决冲突建立的链表

课 后 习 题

一、单项选择题

1. 若查找每个元素的概率相等，则在长度为 n 的顺序表上查找任一元素的平均查找长度为（　　　）。

A. n B. $n+1$ C. $(n-1)/2$ D. $(n+1)/2$

2. 对于长度为 9 的顺序存储的有序表，若采用折半查找，在等概率情况下的平均查找长度为（　　　）的 1/9。

A. 20   B. 18   C. 25   D. 22

3. 对于长度为 18 的顺序存储的有序表，若采用折半查找，则查找第 15 个元素的比较次数为（　　　）。

A. 3   B. 4   C. 5   D. 6

4. 对于顺序存储的有序表 (5,12,20,26,37,42,46,50,64)，若采用折半查找，则查找元素 26 的比较次数为（　　　）。

A. 2   B. 3   C. 4   D. 5

5. 对具有 n 个元素的有序表采用折半查找，则算法的时间复杂度为（　　　）。

A. O(n)   B. O(n^2)   C. O(1)   D. O($\log_2 n$)

6. 从具有 n 个结点的二叉排序树中查找一个元素时，在最坏情况下的时间复杂度为（　　　）。

A. O(n)   B. O(1)   C. O($\log_2 n$)   D. O(n^2)

二、填空题

1. 以顺序查找方法从长度为 n 的顺序表或单链表中查找一个元素时，平均查找长度为_____，时间复杂度为_____。

2. 对长度为 n 的查找表进行查找时，假定查找第 i 个元素的概率为 p_i，查找长度（即在查找过程中依次同有关元素比较的总次数）为 c_i，则查找成功情况下平均查找长度的计算公式为_____。

3. 假定一个顺序表的长度为 40，并假定查找每个元素的概率都相同，则在查找成功情况下的平均查找长度为_____，在查找不成功情况下的平均查找长度为_____。

4. 以折半查找方法从长度为 n 的有序表中查找一个元素时，平均查找长度约等于_____的向上取整减 1，时间复杂度为_____。

5. 以折半查找方法在一个查找表上进行查找时，该查找表必须组织成_____存储的_____表。

上 机 实 战

1. 假设有一个学生档案（包含学号、姓名、成绩）顺序表，关键字"学号"已进行了升序排序。请利用折半查找算法，实现如下功能：

（1）输入学号，如果找到，则输出相关信息。

（2）如果没有找到，则输出"查无此人！"。

2. 试将折半查找的算法改写成递归算法。

课堂微博：

第 **9** 章

内排序

开场白

我们随时都在面对选择，并总在自觉、不自觉地进行着各种排序。"物竞天择，适者生存"的本质就是遵循排序法则。

一个人生下来就开始排序：最喜欢吃什么？其次喜欢吃什么？……

上幼儿园：哪一件事最快乐？吃好菜、和好朋友在一起玩、去儿童乐园、游泳，还是画画？

上学时：谁是最要好的朋友？第二要好的朋友又是谁？

长大了会思考：人生最重要的是什么？健康、快乐、价值实现，还是财富？

慢慢地，学会替别人着想：亲人最喜欢的菜有哪些？红烧排骨、鸡腿，还是清炖牛肉？

老了，还得考虑：继承人如何排序？

甚至死后还会有人在替他排序：悼词中的赞美词如何排序？

9.1　案例提出——光棍节的排序活动

【案例描述】

自从马云创建了淘宝，人生又多了许多排序工作。如果问历史上哪一天排序操作的人最多？你一定会不假思索地回答：当然是 11 月 11 日。据说 2013 年 11 月 11 日光棍节一天参加排序的高达 2.1 亿人次，交易额达 350.19 亿。淘宝达人们在搜索心仪的宝贝并展现结果后，最多的操作就是排序：按价格排序，按销量排序，按好评排序，按发布时间排序……现模拟淘宝网站，将手机产品相关信息分别按价格、月销售量和好评率进行排序。

【案例说明】

（1）手机信息如结构体所示：

```
typedef struct
{
    char *type;
    double price;        // 价格
    int  monthSale;      // 月销售量
    double goodRate;     // 好评率
}MobilePhone;
```

（2）要求只用一个排序函数，通过参数传递完成不同排序项的排序。

（3）输出结果如图 9.1 所示。

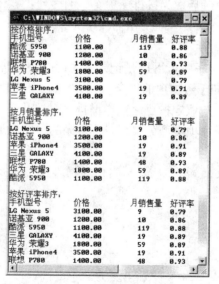

图 9.1　分类排序结果

【案例目的】

通过设计排序程序，掌握排序在实际生活中的应用，并能根据不同的情形，选择不同的处理方法。

【数据结构分析】

在第 8 章介绍过，二分查找比顺序查找在时间复杂度上要好得多，也就是说，二分查找比顺序查找效率高。但二分查找要求被查找的数据有序，因此，需要先对数据进行排序。很多实际问题都需要在数据处理前进行排序。

本章介绍几种常用的内排序方法。

9.2 知识点学习

9.2.1 排序的基本概念

1. 排序

通常把参加排序的项称为排序项。所谓排序，就是将一组记录按照记录中的排序项递增（或递减）有序排列的过程。假设 n 个记录的序列为：

$$R_0,R_1,\cdots,R_{n-1}$$

其相应的排序项分别为：

$$k_0,k_1,\cdots,k_{n-1}$$

排序算法就是要确定 $0,1,\cdots,n-1$ 的一种排列 $i_0,i_1,\cdots,i_{n-1}$，使相应的排序项满足下列非递减（或非递增）关系：

$$k_{i0} \leqslant k_{i1} \leqslant \cdots \leqslant k_{in-1}（或 k_{i0} \geqslant k_{i1} \geqslant \cdots \geqslant k_{in-1}）$$

使记录序列依此排列整理后成为按排序项有序的序列：

$$R_{i0},R_{i1},\cdots,R_{in-1}$$

这样的一种过程称为排序。

在上述排序中定义的排序项 k_i 可以是记录 R_i（$i=1,2,\cdots,n$）的主排序项，也可以是记录 R_i 的次排序项，或者是若干数据项的组合。

本书中若无特别声明，均假定按排序项递增排序，即升序，且以顺序表作为表的存储结构。为简单起见，假设排序项类型为整型。待排序的顺序表类型的定义如下：

```
#define MaxSize 20          // 定义顺序表的最大长度
typedef int KeyType;        // 定义排序项类型为整型
typedef struct             // 记录类型
{
    KeyType key;            // 排序项
    InfoType data;          // 其他数据项，类型为 InfoType
} RecType;                 // 排序的记录类型定义
```

2. 稳定的排序方法和不稳定的排序方法

如果待排序的表中，存在多个排序项相同的记录，如姓名为"张飞"的两条记录，经过排序后，这些具有相同排序项的记录之间的相对次序保持不变，则称这种排序方法是稳定的；

反之，若具有相同排序项的记录之间的相对次序发生了变化，则称这种排序方法是不稳定的。

注意：排序算法的稳定性是由排序方法本身决定的，对于所有可能的输入实例中，只要有一个实例使得算法不满足稳定性要求，则该排序算法就是不稳定的。

3．内排序和外排序

根据排序过程中所使用的存储设备的不同，排序可以分成内排序和外排序两类。

内排序是指整个排序过程完全在内存中进行，排序时不涉及数据的内、外存交换。适用于记录个数不很多的表。按照排序的策略不同，内排序可以分为 5 类：插入排序、交换排序、选择排序、归并排序和基数排序。

外排序是指在排序过程中需要进行数据的内、外存交换，适用于记录个数很多，不能一次将其全部记录放入内存的表。

9.2.2　插入排序

插入排序的基本思想是：在一个已经排好序的记录序列的基础上，每次将一个待排序的记录，按其排序项大小插入到前面已经排好序的记录序列中，直到全部记录插入完成为止。本节介绍两种插入排序方法，即直接插入排序和希尔排序。

9.2.2.1　直接插入排序

直接插入排序的基本思想是：假设待排序的记录存放在数组 R[0..n-1] 中，初始时，R[0] 看成是一个长度为 1 的有序表，无序表是 R[1..n-1]，排序过程的某一中间时刻，R 被划分成两个子区间：已排好序的有序区 R[0..i-1] 和当前未排序的部分 R[i..n-1]。直接插入排序的基本操作是将当前无序区的第 1 个记录 R[i] 插入到有序区 R[0..i-1] 中适当的位置上，使 R[0..i] 变为新的有序区，最终生成含有 n 个记录的有序表。这种方法通常称为增量法，因为它每次使有序区增加 1 个记录。

【例 9.1】假设有一组排序项 (7,5,6,2,1,6′,9,3)，进行直接插入排序，排序过程如图 9.2 所示。

初始排序项	[7	5	6	2	1	6′	9	3
i=1	[5	7]	6	2	1	6′	9	3
i=2	[5	6	7]	2	1	6′	9	3
i=3	[2	5	6	7]	1	6′	9	3
i=4	[1	2	5	6	7]	6′	9	3
i=5	[1	2	5	6	6′	7]	9	3
i=6	[1	2	5	6	6′	7	9]	3
i=7	[1	2	3	5	6	6′	7	9]

图 9.2　直接插入排序示意图

直接插入排序的算法如下：

```
void InsertSort(RecType R[],int n)                  // 对 R[0..n-1] 按递增有序进行直接插入排序
{
    int i,j;
    RecType temp;
    for (i=1;i<n;i++)
    {
        temp=R[i];
        j=i-1;                                      // 从右向左在有序区 R[0..i-1] 找 R[i] 的插入位置
        while (j>=0 && temp.key<R[j].key)
        {
            R[j+1]=R[j];                            // 将排序项大于 R[i].key 的记录后移
            j--;
        }
        R[j+1]=temp;                                // 在 j+1 处插入 R[i]
    }
}
```

当待排序列中记录的排序项递增有序（以下简称为正序）时，需要进行排序项间比较的次数达最小值 $n-1$，记录无须移动；反之，当待排序列中记录的排序项非递增有序排列（以下简称为逆序）时，则需要进行 $n-1$ 趟排序，共进行 $(n+2)(n-1)/2$ 次比较，$(n+4)(n-1)/2$ 次记录移动，所以，直接插入排序算法的时间复杂度为 $O(n^2)$。算法中只使用 temp 一个辅助变量，故空间复杂度为 $O(1)$。

直接插入算法是稳定的，因为当 $i>j$ 且 R[i].key=R[j].key 时，本算法将 R[i] 插入在 R[j] 后面，使 R[i] 和 R[j] 的相对位置保持不变。

9.2.2.2 希尔排序

希尔排序也称为缩小增量排序，也是一种插入排序方法。其基本思想是：先取定一个小于 n 的整数 d_1 作为第一个增量，把表的全部记录分成 d_1 个组，所有距离为 d_1 的倍数的记录放在同一个组中，在各组内进行直接插入排序；然后，取第二个增量 d_2（$d_2<d_1$），重复上述的分组和排序，直至所取的增量 $d_t=1$（$d_t<d_{t-1}<\cdots<d_2<d_1$），即所有记录放在同一组中进行直接插入排序为止。

希尔排序实质上是一种分组插入方法，是先将整个待排记录序列分割成若干个子序列，再分别进行直接插入排序，待整个序列中的记录基本有序时，再对全体记录进行一次直接插入排序。

【例 9.2】设有一组排序项 (7,9,6,2,4,6′,5,8,3,1)，进行希尔排序，增量值分别为 4，2，1。希尔排序过程如图 9.3 所示。

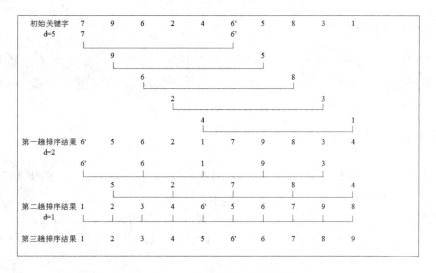

图 9.3　希尔排序示意图

希尔排序的算法如下：

```
void ShellSort(RecType R[],int n)                          // 希尔排序算法
{   int i,j,d;RecType temp;
    d=n/2;                                                 //d 取初值 n/2
    while (d>0)
    {
        for (i=d;i<n;i++)                                  // 将 R[d..n-1] 分别插入各组当前有序区
        {   j=i-d;
            while (j>=0 && R[j].key>R[j+d].key)
            {
                temp=R[j];                                 //R[j] 与 R[j+d] 交换
                R[j]=R[j+d];R[j+d]=temp;
                j=j-d;
            }
        }
        d=d/2;                                             // 递减增量 d
    }
}
```

　　希尔排序的特点是每一趟以不同的间隔距离进行直接插入排序，当增量 d 较大时，被移动的记录是跳跃式进行的，使得最后增量 d=1 时的排序序列已经基本有序，只要对记录进行微调即可完成排序，提高了排序的速度。希尔排序的时间复杂度大约是 $O(n^{1.3})$，希尔排序是不稳定的排序方法。

9.2.3　交换排序

交换排序的基本思想是：两两比较待排序记录的排序项，发现两个记录的次序相反时即进行交换，直到没有反序的记录为止。本节介绍两种交换排序，即冒泡排序和快速排序。

9.2.3.1　冒泡排序

冒泡排序是一种典型的交换排序方法，其基本思想是：通过无序区中相邻记录排序项间的比较和位置的交换，使排序项最小的记录如气泡一般逐渐往上"漂浮"至"水面"。整个算法是从最下面的记录开始，对每两个相邻的排序项进行比较，且使排序项较小的记录换至排序项较大的记录之上，使得经过一趟冒泡排序后，排序项最小的记录到达最上端，再在剩下的记录中找排序项次小的记录，并把它换在第二个位置上。依此类推，直到所有记录都有序为止。

冒泡排序的算法如下：

```
void BubbleSort(RecType R[],int n)
{   int i,j;
    RecType temp;
    for (i=0;i<n-1;i++)
    {
            for (j=n-1;j>i;j--)                    // 比较，找本趟最小排序项的记录
                if (R[j].key<R[j-1].key)
                {       temp=R[j];                 //R[j] 与 R[j-1] 进行交换
                        R[j]=R[j-1];
                        R[j-1]=temp;
                }
    }
}
```

【例 9.3】设待排序的表有 10 个记录，其排序项分别为 {7,9,6,2,4,6′,5,8,3,1}。说明采用冒泡排序方法进行排序的过程。

其排序过程如图 9.4 所示。每次从无序区中冒出一个最小排序项的记录（用方框表示）并将其定位。

从图 9.4 可以看出，在第 7 趟就已经排好序，但是还需要执行最后一趟比较。在有些情况下，在第 i（$i<n-1$）趟时已排好序，但仍执行后面几趟比较。实际上，一旦算法中某一趟比较时不再出现记录交换，就说明已经排好序了，可以结束本算法。

初始排序项	7	9	6	2	4	6'	5	8	3	1
i=0	☐1	7	9	6	2	4	6'	5	8	3
i=1	1	☐2	7	9	6	2	4	6'	5	8
i=2	1	2	☐3	7	9	6	4	5	6'	8
i=3	1	2	3	☐4	7	9	6	5	6'	8
i=4	1	2	3	4	☐5	7	9	6	6'	8
i=5	1	2	3	4	5	☐6	7	9	6'	8
i=6	1	2	3	4	5	6	☐6'	7	9	8
i=7	1	2	3	4	5	6	6'	☐7	8	9
i=8	1	2	3	4	5	6	6'	7	☐8	9

图 9.4 冒泡排序过程

为此，改进冒泡排序算法如下：

```
void BubbleSort(RecType R[],int n)
{   int i,j,exchange;
    RecType temp;
    for (i=0;i<n-1;i++)
    {       exchange=0;
            for (j=n-1;j>i;j--)                     // 比较，找出最小排序项的记录
            if (R[j].key<R[j-1].key)
            {       temp=R[j];
                    R[j]=R[j-1];
                    R[j-1]=temp;
                    exchange=1;
            }
            if (exchange==0)
                    break;                          //结束外循环
    }
}
```

容易看出，若表的初始状态是正序的，则一趟扫描即可完成排序，所需的排序项比较和记录移动的次数均分别达到最小值：$C_{min}=n-1$，$M_{min}=0$，即冒泡排序最好的时间复杂度为 O(n)。若初始表是逆序的，则需要进行 $n-1$ 趟排序，每趟排序要进行 $n-i+1$ 次排序项的比较（$0 \leqslant I < n-1$），且每次比较都必须移动记录 3 次来达到交换记录位置。在这种情况下，比较和移动次数均达到最大值：

$$C_{\max}=\sum_{i=0}^{n-2}(n-i+1)=\frac{n(n-1)}{2}=\mathrm{O}(n^2)$$

$$M_{\max}=\sum_{i=0}^{n-2}3(n-i+1)=\frac{3n(n-1)}{2}=\mathrm{O}(n^2)$$

因此，冒泡排序的最坏时间复杂度为 $\mathrm{O}(n^2)$。平均的情况分析稍微复杂些，因为算法可能在中间的某道排序完成后就终止，所以可以证明平均的排序趟数 k 仍是 $\mathrm{O}(n)$，由此得出平均情况下总的比较次数仍是 $\mathrm{O}(n^2)$，故算法的平均时间复杂度为 $\mathrm{O}(n^2)$。虽然冒泡排序不一定要进行 n-1 趟，但由于它的记录移动次数较多，所以平均时间性能比直接插入排序要差得多。显然，冒泡排序是就地排序，且它是稳定的。

9.2.3.2　快速排序

快速排序是由冒泡排序改进而得的，其基本思想是：在待排序的 n 个记录中任取一个记录（通常取第一个记录），把该记录放入适当位置后，数据序列被此记录划分成两部分。所有排序项比该记录排序项小的记录放置在前一部分，所有比它大的记录放置在后一部分，并把该记录排在这两部分的中间（称为该记录归位），这个过程称做一趟快速排序。然后对两部分分别重复上述过程，直至每部分内只有一个记录为止。简而言之，每趟使表的第一个元素放入适当位置，将表一分为二，对子表按递归方式继续这种划分，直至划分的子表长为1。

一趟快速排序的划分过程采用从两头向中间扫描的办法，同时交换与基准记录逆序的记录。具体做法是：设两个指示器 i 和 j，它们的初值分别为指向无序区中第一个和最后一个记录。假设无序区中记录为 R[s]，R[s+1]，$\cdots$,R[t]，则 i 的初值为 s，j 的初值为 t，首先将 R[s] 移至变量 temp 中作为基准，令 j 自 t 起向左扫描直至 R[j].key<temp.key 时，将 R[j] 移至 i 所指的位置上，然后令 i 自 i+1 起向右扫描直至 R[i].key>temp.key 时，将 R[i] 移至 j 所指的位置上，依次重复直至 $i=j$，此时所有 R[k]（$k=s,s+1,\cdots,i-1$）的排序项都小于 temp.key，而所有 R[k]($k=i+1,i+2,\cdots,t$) 的排序项必大于 temp.key，此时可将 temp 中的记录移至 i 所指位置 R[i]，它将无序记录分割成 R[s..i-1] 和 R[i+1..t]，以便分别进行排序。

快速排序算法如下：

```
void QuickSort(RecType R[],int s,int t)          // 对 R[s]~R[t] 的元素进行快速排序
{
    int i=s,j=t;        RecType temp;
    if (s<t)                                      // 区间内至少存在一个元素的情况
    {        temp=R[s];                           // 用区间的第 1 个记录作为基准
        while (i!=j)                              // 从两端交替向中间扫描，直至 i=j 为止
        {        while (j>i && R[j].key>temp.key)
                    j--;
            if (i<j)                              // 如果找到这样的 R[j]，R[i]、R[j] 交换
            {
                R[i]=R[j];
```

```
                              i++;
                    }
                    while (i<j && R[i].key<temp.key)
                         i++;
                    if (i<j)                        // 如果找到这样的 R[i]，R[i]、R[j] 交换
                    {
                              R[j]=R[i]; j--;
                    }
          }
          R[i]=temp;
          QuickSort(R,s,i-1);                      // 对左区间递归排序
          QuickSort(R,i+1,t);                      // 对右区间递归排序
     }
}
```

【例 9.4】设待排序的表有 10 个记录，其排序项分别为 {5,9,6,2,4,6′,1,8,3,7}。说明采用快速排序方法进行排序的过程。

其排序过程如图 9.5 和图 9.6 所示。第 1 趟是以 5 为排序项将整个区间分为 (3,1,4,2) 和 (6′, 6,8,9,7) 两个子区间，并将 5 定位好。对于每个子区间，又进行同样的排序，直到该子区间不存在元素为止。

初始排序项	5	9	6	2	4	6′	1	8	3	7
第1次划分	⑤	9	6	2	4	6′	1	8	3	7
第1次移动	3	9	6	2	4	6′	1	8	⑤	7
第2次移动	3	⑤	6	2	4	6′	1	8	9	7
第3次移动	3	1	6	2	4	6′	⑤	8	9	7
第4次移动	3	1	⑤	2	4	6′	6	8	9	7
第5次移动（第一次划分之后的结果）	3	1	4	2	⑤	6′	6	8	9	7

图 9.5　快速排序的第一次划分

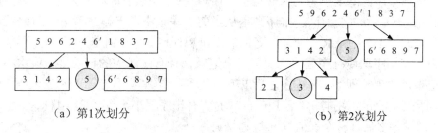

（a）第1次划分　　　　　　　　　（b）第2次划分

图 9.6　快速排序过程

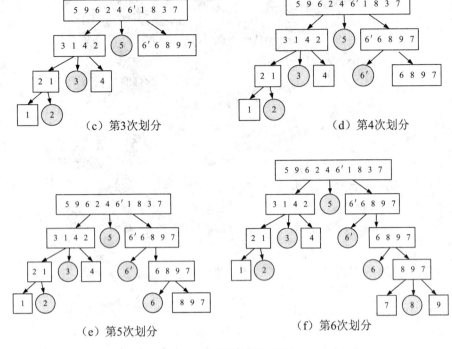

图 9.6　快速排序过程（续）

因为快速排序的记录移动次数不大于比较的次数，所以其最坏时间复杂度应为 $O(n^2)$，最好时间复杂度为 $O(n\log_2 n)$。快速排序算法是一种不稳定的排序算法。

9.2.4　选择排序

选择排序的基本思想是：每一趟从待排序的记录中选出排序项最小的记录，顺序放在已排好序的子表的最后，直到全部记录排序完毕。由于选择排序方法每一趟总是从无序区中选出全局最小（或最大）的排序项，所以适合于从大量的记录中选择一部分排序记录，如从 1000 个记录中选择排序项前 10 个的记录，就适合采用选择排序方法。

本节介绍两种选择排序方法，即直接选择排序（或称简单选择排序）和堆排序。

9.2.4.1　直接选择排序

直接选择排序的基本思想是：第 i 趟排序开始时，当前有序区和无序区分别为 R[0..i-1] 和 R[i..n-1]（$0 \leqslant i < n-1$），该趟排序则是从当前无序区中选出排序项最小的记录 R[k]，将其与无序区的第 1 个记录 R[i] 交换，使 R[0..i] 和 R[i+1..n-1] 分别变为新的有序区和无序区。

因为每趟排序均使有序区中增加了一个记录，且有序区中的记录排序项均不大于无序区中的记录排序项，即第 i 趟排序之后 R[0..i] 的所有排序项小于等于 R[i+1..n-1] 中的所有排序项，所以进行 $n-1$ 趟排序之后 R[0..n-2] 的所有排序项小于等于 R[n-1].key，也就是说，经过 $n-1$ 趟排序之后，整个表 R[0..n-1] 递增有序。

直接选择排序的具体算法如下：

```
void SelectSort(RecType R[],int n)
{
int i,j,k;
    RecType temp;
    for (i=0;i<n-1;i++)                    // 第 i 趟排序
    {       k=i;
            for (j=i+1;j<n;j++)            // 在 [i..n-1] 中选 key 最小的 R[k]
            if (R[j].key<R[k].key)
                    k=j;                   //k 记下的最小排序项所在的位置
            if (k!=i)                      // 交换 R[i] 和 R[k]
            {       temp=R[i];
                    R[i]=R[k];
                    R[k]=temp;
            }
    }
}
```

【例 9.5】设待排序的表有 10 个记录，其排序项分别为 {7,9,6,2,4,6′,5,8,3,1}。说明采用直接选择排序方法进行排序的过程。

其排序过程如图 9.7 所示。每趟选择出一个记录（带方框者）。

显然，无论表的初始状态如何，在第 i 趟排序中选出最小排序项的记录，内 for 循环需做 n-1-(i+1)+1=n-i-1 次比较，因此，总的比较次数如下：

$$C(n) = \sum_{i=0}^{n-2}(n-i+1) = \frac{n(n-1)}{2} = O(n^2)$$

初始排序项	7	9	6	2	4	6′	5	8	3	1
i=0	☐1	9	6	2	4	6′	5	8	3	7
i=1	1	☐2	6	9	4	6′	5	8	3	7
i=2	1	2	☐3	9	4	6′	5	8	6	7
i=3	1	2	3	☐4	9	6′	5	8	6	7
i=4	1	2	3	4	☐5	6′	9	8	6	7
i=5	1	2	3	4	5	☐6′	9	8	6	7
i=6	1	2	3	4	5	6′	☐6	8	9	7
i=7	1	2	3	4	5	6′	6	☐7	9	8
i=8	1	2	3	4	5	6′	6	7	☐8	9

图 9.7 直接选择排序过程

至于记录的移动次数，当初始表为正序时，移动次数为 0；表初态为反序时，每趟排序均要执行交换操作，所以总的移动次数取最大值 $3(n-1)$。然而，无论记录的初始排列如何，所需进行排序项比较相同，均为 $n(n-1)/2$，因此直接选择排序的总的平均时间复杂度为 $O(n^2)$。从例 9.5 可以看出，直接选择排序是不稳定的。

9.2.4.2　堆排序

堆排序是一种树形选择排序。堆的特点是：

（1）是一棵完全二叉树。

（2）每个结点的值大于等于（或小于等于）其子结点的值，我们称之为大根堆（或小根堆）。

下面讨论的堆是大根堆。

堆排序是在排序过程中将数组中存储的数据看成是一棵完全二叉树，利用完全二叉树中双亲结点和孩子结点之间的内在关系来选择排序项最小记录。具体做法是：把待排序的表的排序项存放在数组 R[1..n] 中，将 R 看作一棵二叉树，每个结点表示一个记录，源表的第 1 个记录 R[1] 作为二叉树的根，以下各记录 R[2..n] 依次逐层从左到右顺序排列，构成一棵完全二叉树，任意结点 R[i] 的左孩子结点是 R[2i]，右孩子结点是 R[2i+1]，双亲结点是 R[i/2]。

堆排序的关键是构造堆，这里采用筛选算法建堆：假若完全二叉树的某个结点 i 对于它的左子树、右子树是堆，接下来需要将 R[2i].key 与 R[2i+1].key 中的最大者与 R[i].key 比较，若 R[i].key 较小则交换。这有可能破坏下一级的堆，于是继续采用上述方法构造下一级的堆，直到完全二叉树中结点 i 构成堆为止。对于任意一棵完全二叉树，从 $i=\lfloor n/2 \rfloor-1$，反复利用上述思想建堆。大者"上浮"，小者被"筛选"下去。其调整堆的算法 sift() 如下：

```
void sift(RecType R[],int low,int high)
{    int i=low,j=2*i;                          //R[j] 是 R[i] 的左孩子
     RecType temp=R[i];
     while(j<=high)
     {        if(j<high && R[j].key<R[j+1].key)
                   j++;                         //若右孩子较大，把 j 指向右孩子
              if(temp.key<R[j].key)
              {    R[i]=R[j];                    //将 R[j] 调整到双亲结点位置上
                   i=j;                          //修改 i 和 j 的值，以便继续向下筛选
                   j=2*i;
              }
              else
                   break;                        //筛选结束
     }
```

```
        R[i]=temp;                          // 被筛选结点的值放入最终位置
}
```

利用调整堆的函数，将已有堆中的根与最后一个叶子交换，进一步调整堆，如此这样直到一棵树只剩一个根为止。实现堆排序的算法如下：

```
void HeapSort(RecType R[],int n)
{    int i;
     RecType temp;
     for (i=n/2;i>=1;i--)            // 循环建立初始堆
          sift(R,i,n);
     for (i=n;i>=2;i--)              // 进行 n-1 次循环，完成推排序，每一趟堆排序的元素个数减 1
     {    temp=R[1];                 // 将第一个元素同当前区间内 R[1] 对换
          R[1]=R[i];
          R[i]=temp;
          sift(R,1,i-1);            // 筛选 R[1] 结点，得到 i-1 个结点的堆
     }
}
```

【例 9.6】设待排序的表有 10 个记录，其排序项分别为 {6,8,7,9,0,1,3,2,4,5}。说明采用堆排序方法进行排序的过程。

其初始状态如图 9.8（a）所示，通过第 1 个 for 循环调用 sift() 产生的初始堆如图 9.8（b）所示，这时 R 中排序项序列为 9,8,7,6,5,1,3,2,4,0。堆排序过程如图 9.9 所示，每输出一个记录，就对堆进行一次筛选调整。

堆排序的时间主要由建立初始堆和反复重建堆这两部分的时间构成，它们均是通过调用 sift() 实现的。堆排序的最坏时间复杂度为 $O(n\log_2 n)$。其平均性能分析较难，但实验研究表明，堆排序的平均性能较接近于最坏性能。

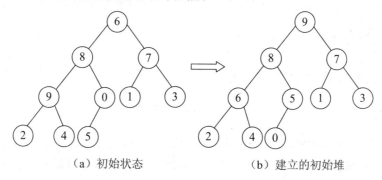

（a）初始状态　　　　　　　（b）建立的初始堆

图 9.8　建立的初始堆

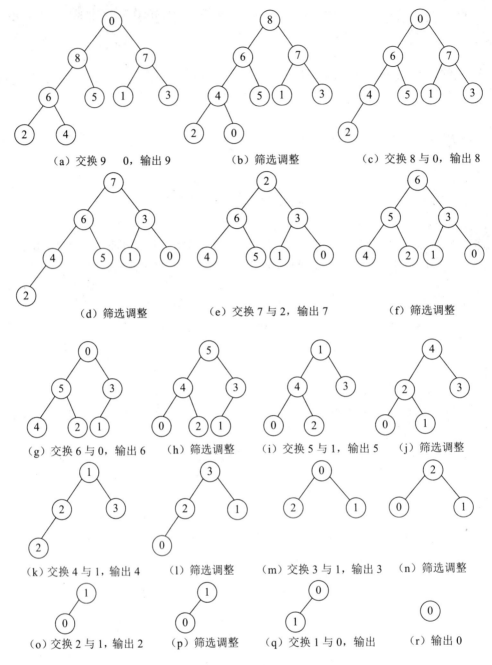

（a）交换 9 与 0，输出 9　　（b）筛选调整　　（c）交换 8 与 0，输出 8

（d）筛选调整　　（e）交换 7 与 2，输出 7　　（f）筛选调整

（g）交换 6 与 0，输出 6　　（h）筛选调整　　（i）交换 5 与 1，输出 5　　（j）筛选调整

（k）交换 4 与 1，输出 4　　（l）筛选调整　　（m）交换 3 与 1，输出 3　　（n）筛选调整

（o）交换 2 与 1，输出 2　　（p）筛选调整　　（q）交换 1 与 0，输出　　（r）输出 0

图 9.9　堆排序过程

　　由于建初始堆所需的比较次数较多，所以堆排序不适于记录数较少的表。在进行筛选时，可能把后面的相同排序项的记录调整到前面，所以堆排序算法是不稳定的一种排序算法。

9.2.5 归并排序

归并排序是多次将两个或两个以上的有序表合并成一个新的有序表。最简单的归并是直接将两个有序的子表合并成一个有序的表。

先介绍将两个有序表直接归并为一个有序表的算法 Merge ()。设两个有序表存放在同一数组中相邻的位置上: R[low..mid], R[mid+1..high], 先将它们合并到一个局部的暂存数组 Rl 中, 待合并完成后将 R1 复制回 R 中。为了简便, 称 R[low..mid] 为第 1 段, R[mid+1..high] 为第 2 段。每次从两个段中取出一个记录进行排序项的比较, 将较小者放入 Rl 中, 最后将各段中余下的部分直接复制到 R1 中。这样 R1 是一个有序表, 再将其复制回 R 中。算法如下:

```
void Merge(RecType R[],int low,int mid,int high)
{
    RecType *R1;
    int i=low,j=mid+1,k=0;                      //k 是 R1 的下标, i、j 分别为第 1、2 段的下标
    R1=new RecType( );
    while (i<=mid && j<=high)
            if (R[i].key<=R[j].key)             //将第 1 段中的记录放入 R1 中
            {
                    R1[k]=R[i];
                    i++;
                    k++;
            }
            else                               //将第 2 段中的记录放入 R1 中
            {
                    R1[k]=R[j];
                    j++;
                    k++;
            }
            while (i<=mid)                      //将第 1 段余下部分复制到 R1
            {
                    R1[k]=R[i];
                    i++;
                    k++;
            }
            while (j<=high)                     //将第 2 段余下部分复制到 R1
            {
                    R1[k]=R[j];
                    j++;
                    k++;
```

```
                }
        for (k=0,i=low;i<=high;k++,i++)           //将 R1 复制回 R 中
                R[i]=R1[k];
}
```

Merge() 实现了一次归并，利用 Merge() 可解决一趟归并问题。在某趟归并中，设各子表长度为 length（最后一个子表的长度可能小于 length），则归并前 R[0..n-l] 中共有 ⌈n/length⌉ 个有序子表：R[0..length-1],R[length..2length-1],···,R[(⌈n/length⌉)×length..n-1]。调用 Merge() 将相邻的一对子表进行归并时，必须对表的个数可能是奇数和最后一个子表的长度小于 length 这两种特殊情况进行特殊处理：若子表个数为奇数，则最后一个子表无须和其他子表归并（即本趟轮空）；若子表个数为偶数，则要注意到最后一对子表中后一个子表的区间上界是 n-1。具体算法如下：

```
void MergePass(RecType R[],int length,int n)
{
    int i;
    for (i=0;i+2*length-1<n;i=i+2*length)           //归并长度为 length 的两个相邻子表
            Merge(R,i,i+length-1,i+2*length-1);
    if (i+length-1<n)                               //余下两个子表，后者长度小于 length
            Merge(R,i,i+length-1,n-1);              //归并这两个子表
}
```

其中，一趟归并使用的辅助空间正好为整个表的长度。

归并排序有两种实现方法：自底向上和自顶向下。

自底向上的基本思想是：第 1 趟归并排序时，将待排序的表 R[0..n-1] 看作是 n 个长度为 1 的有序子表，将这些子表两两归并，若 n 为偶数，则得到 ⌈n/2⌉ 个长度为 2 的有序子表；若 n 为奇数，则最后一个子表轮空（不参与归并），故本趟归并完成后，前 ⌈n/2⌉-1 个有序子表长度为 2，但最后一个子表长度仍为 1；第 2 趟归并则是将第 1 趟归并所得到的 ⌈n/2⌉ 个有序的子表两两归并，如此反复，直到最后得到一个长度为 n 的有序表为止。上述的每次归并操作，均是将两个有序的子表合并成一个有序的子表，故称其为二路归并排序。类似地，有 k（$k>2$）路归并排序。二路归并排序算法如下：

```
void MergeSort(RecType R[],int n)                   // 自底向上的二路归并算法
{
    int length;
    for (length=1;length<n;length=2*length)         // 进行 log2n 趟归并
            MergePass(R,length,n);
}
```

上述的自底向上的归并算法虽然效率较高，但可读性较差。若采用自顶向下的方法设

计，则算法更为简洁。设归并排序的当前区间是 R[low..high]，则递归归并的两个步骤如下。

（1）分解：将当前区间 R[low..high] 一分为二，即求 *mod*=(*low*+*high*)/2，递归地对两个子区间 R[low..mid] 和 R[mid+1..high] 继续进行分解。其终结条件是子区间长度为 1（因为一个记录的子表一定是有序表）。

（2）归并：与分解过程相反，将已排序的两个子区间 R[low..mid] 和 R[mid+1..high] 归并为一个有序的区间 R[low..high]。

对应的算法如下：

```
void MergeSortDC(RecType R[],int low,int high)        // 对 R[low..high] 进行二路归并排序
{
    int mid;
    if(low<high)
    {
        mid=(low+high)/2;
        MergeSortDC(R,low,mid);
        MergeSortDC(R,mid+1,high);
        Merge(R,low,mid,high);
    }
}
void MergeSort1(RecType R[],int n)                     // 自顶向下的二路归并算法
{
        MergeSortDC(R,0,n-1);
}
```

【例 9.7】设待排序的表有 8 个记录，其排序项分别为 {18,2,20,34,12,32,6,16}。说明采用归并排序方法进行排序的过程。

采用自底向上的二路归并方法时，需要进行 3 趟归并排序，其过程如图 9.10 所示。第 1 趟将每两个各含有一个记录的子表归并成一个新表，如将 {18} 和 {2} 排好序变为 {2,18}。第 2 趟将每两个各含有 2 个记录的子表归并成一个新表，如将 {2,18} 和 {20,34} 归并为 {2,18,20,34}。第 3 趟将每两个各含有 4 个记录的子表归并成一个新表，产生最终有序表。

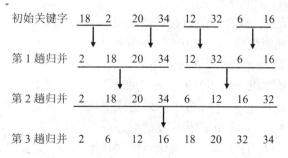

图 9.10　自底向上的二路归并排序过程

采用自顶向下的二路归并方法时，其过程如图 9.11 所示。先将整个表分为两组，再将各组又分为两组，直到每个组只有一个记录，然后采用类似自底向上的方法归并。

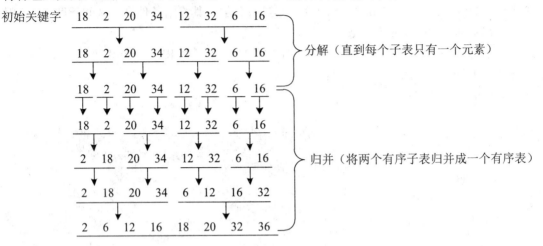

图 9.11　自顶向下的二路归并排序过程

归并排序是一种稳定的排序，且易于在链表上实现。容易看出，对长度为 n 的表，需进行 $\lceil \log_2 n \rceil$ 趟二路归并，每趟归并时间为 $O(n)$，故其时间复杂度无论是在最好情况下还是在最坏情况下均是 $O(n^{\log_2 n})$。由于 Merge() 算法不会改变相同排序项记录的相对次序，所以归并排序是一种稳定的排序。

9.2.6　基数排序

前面所讨论的排序算法均是基于排序项之间的比较来实现的，而基数排序是通过"分配"和"收集"过程来实现排序，是一种借助于多排序项排序的思想对单排序项排序的方法。

一般地，记录 R[i] 的排序项 R[i].key 由 d 位数字组成，即 $k^{d-1} k^{d-2} \cdots k^0$，每一个数字表示排序项的一位，其中 k^{d-1} 为最高位，k^0 为最低位，每一位的值都在 $0 \le k^i < r$ 范围内，其中，r 称为基数。例如，对于二进制数，r 为 2；对于十进制数，r 为 10。

基数排序有两种，即最低位优先（LSD）和最高位优先（MSD）。最低位优先的过程是：先按最低位的值对记录进行排序，在此基础上，再按次低位进行排序，依此类推。由低位向高位，每趟都是根据排序项的一位并在前一趟的基础上对所有记录进行排序，直至最高位，则完成了基数排序的整个过程。

以 r 为基数的最低位优先排序的过程是假设线性表由结点序列 $a_0, a_1, \cdots, a_{n-1}$ 构成，每个结点 a_j 的排序项由 d 元组组成，其中 $0 \le k \le r-1$（$0 \le j < n$，$0 \le i \le d-1$）。在排序过程中，使用 r 个队列 $Q_0, Q_1, \cdots, Q_{r-1}$。排序过程如下：

对 $i=0,1,\cdots,d-1$，依次做一次"分配"和"收集"（其实就是一次稳定的排序过程）。

分配：开始时，把 $Q_0, Q_1, \cdots, Q_{r-1}$ 各个队列置成空队列，然后依次考察线性表中的每一个结点 a_j（$j=0,1,\cdots,n-1$），如果 a_j 的排序项 $k_j^i = k$，就把 a_j 放进 Q_k 队列中。

收集：把 $Q_0, Q_1, \cdots, Q_{r-1}$ 各个队列中的结点依次首尾相接，得到新的结点序列，从而组成新的线性表。

【例9.8】设待排序的表有10个记录,其排序项分别为{75,23,98,44,57,12,29,64,38,82}。说明采用基数排序方法进行排序的过程。

这里 *n*=10, *d*=2, *r*=10,先按个位数进行排序,再按十位数进行排序,排序过程如图9.12所示。

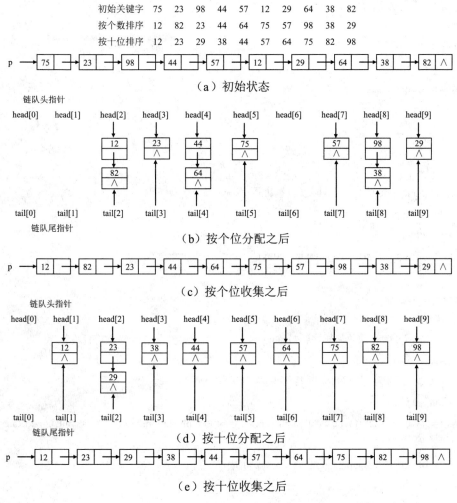

图 9.12　基数排序的过程

在基数排序过程中,共进行了 *d* 遍的分配与收集,每一遍分配和收集的时间为 O(*n*+*r*),所以基数排序的时间复杂度为 O(*d*(*n*+*r*))。

基数排序中使用的是队列,排在后面的排序项只能排在前面相同排序项的后面,相对位置不会发生改变,它是一种稳定的排序方法。

9.3　案例问题解决

【算法思路】
只采用一个排序函数(这里采用的是沉底算法),该函数要对一个结构体的3个排序项分别比较排序。因此，这里函数形参应当增加一个整型的 index，其值对应 3 个排序项，如 1 对应价格（price），2 对应月销售量（monthSale），3 对应好评率（goodRate）。在排序函数中，通过分支语句对 index 分情况提取相应排序项进行比较，完成不同的排序。

【源程序与分析】

```
#include "stdafx.h"
#include <iostream>
using namespace std;
typedef struct
{
    char *type;
    double price;              // 价格
    int  monthSale;            // 月销售量
    double goodRate;           // 好评率
}MobilePhone;
void Print(MobilePhone ph[],int n,int index)
{
    int i;
    char *p;
    p=(index==1)?" 按价格排序：":(index==2)?" 按月销售量排序：":" 按好评率排序：";
    cout<<endl<<p<<endl;
    cout<<" 手机型号 \t 价格 \t\t 月销售量 \t 好评率 \n";
    for(i=0;i<n;i++)
        cout<<ph[i].type<<"\t"<<ph[i].price<<"\t\t"<<ph[i].monthSale<<"\t"<<ph[i].goodRate<<endl;
}
void Sort(MobilePhone ph[],int n,int index)// 沉底
{
    bool exchange,flag;
    int i,j;
    MobilePhone tmp;
    for(i=1;i<n;i++)
    {
        exchange=false;
        for(j=0;j<n-i;j++)
        {
            flag=false;
            switch(index)
            {
                case 1:if(ph[j].price>ph[j+1].price)
                    flag=true;break;
```

```
                                    case 2:if(ph[j].monthSale>ph[j+1].monthSale)
                                                flag=true;break;
                                    case 3:if(ph[j].goodRate>ph[j+1].goodRate)
                                                flag=true;break;
                        }
                    if(flag)
                    {
                            tmp=ph[j];
                            ph[j]=ph[j+1];
                            ph[j+1]=tmp;
                            exchange=true;
                    }
                }
            if(!exchange)
                    break;
        }
}
void main()
{
    const int N=7;
    MobilePhone phone[N]={
            {" 华为 荣耀 3",1800.0,59,0.89},
            {" 苹果 iPhone4 ",3500.0,19,0.91},
            {"LG Nexus 5",3100.0,9,0.79},
            {" 酷派 5950",1100.0,119,0.88},
            {" 联想 P780",1400.0,48,0.93},
            {" 三星 GALAXY",4100.0,19,0.89},
            {" 诺基亚 900",1200.0,10,0.86},
    };
    Sort(phone,N,1);
    Print(phone,N,1);
    Sort(phone,N,2);
    Print(phone,N,2);
    Sort(phone,N,3);
    Print(phone,N,3);
}
```

　　这里用的是物理排序。当信息量较大时进行两两交换，参与交换的变量也会增加。如果采用逻辑索引方式进行处理，效率将会更高。

9.4 知识与技能扩展——各种内排序方法的比较和选择

本章介绍了多种排序方法，各排序方法的性能如表 9.1 所示。

表 9.1 各种排序方法的性能

排序方法	时间复杂度			空间复杂度	稳定性	复杂性
	平均情况	最坏情况	最好情况			
直接插入排序	$O(n^2)$	$O(n^2)$	$O(n)$	$O(1)$	稳定	简单
希尔排序	$O(n^{1.3})$			$O(1)$	不稳定	较复杂
冒泡排序	$O(n^2)$	$O(n^2)$	$O(n)$	$O(1)$	稳定	简单
快速排序	$O(n\log_2 n)$	$O(n^2)$	$O(n\log_2 n)$	$O(n\log_2 n)$	不稳定	较复杂
直接选择排序	$O(n^2)$	$O(n^2)$	$O(n^2)$	$O(1)$	不稳定	简单
堆排序 -	$O(n\log_2 n)$	$O(n\log_2 n)$	$O(n\log_2 n)$	$O(1)$	不稳定	较复杂
归并排序	$O(n\log_2 n)$	$O(n\log_2 n)$	$O(n\log_2 n)$	$O(n)$	稳定	较复杂
基数排序	$O(d(n+r))$	$O(d(n+r))$	$O(d(n+r))$	$O(r)$	稳定	较复杂

通常可按平均时间将排序方法分为 3 类：

（1）平方阶 $O(n^2)$ 排序，一般称为简单排序，如直接插入排序、直接选择排序和冒泡排序。

（2）线性对数阶 $O(n\log_2 n)$ 排序，如希尔排序、快速排序、堆排序和归并排序。

（3）线性阶 $O(n)$ 排序，如基数排序。

因为不同的排序方法适应不同的应用环境和要求，所以选择合适的排序方法时应综合考虑下列因素：

（1）待排序的记录数目 n（问题规模）。

（2）记录的大小（每个记录的规模）。

（3）排序项的结构及其初始状态。

（4）对稳定性的要求。

（5）语言工具的条件。

（6）存储结构。

（7）时间和辅助空间复杂度等。

每种排序方法都有其优缺点，适合于不同的环境。因此，在实际应用中，应根据具体的情况进行选择。首先应考虑排序对稳定性的要求，若要求稳定，则只能在稳定方法中选取，否则可以在所有方法中选取；其次要考虑待排序结点数 n 的大小，若 n 较大，则可在改进方法（平均时间复杂度为 $O(n\log_2 n)$ 的方法）中选取，否则应在简单方法（平均时间复杂度为 $O(n^2)$）中选取；然后再考虑其他因素。下面给出综合考虑以上几个方面所得出的大致结论：

（1）若 n 较小（如 $n \leqslant 50$），可采用直接插入或直接选择排序。当记录规模较小时，直接插入排序较好；否则因为直接选择移动的记录数少于直接插入，应选直接选择排序。

（2）若文件初始状态基本有序（指正序），则选用直接插入、冒泡或随机的快速排序为宜。

（3）若 n 较大，则应采用时间复杂度为 O($n$log$_2n$) 的排序方法：快速排序、堆排序或归并排序。快速排序是目前基于比较的内部排序中被认为是最好的方法。当待排序的排序项随机分布时，快速排序的平均时间最短；堆排序所需的辅助空间少于快速排序，并且不会出现快速排序可能出现的最坏情况。这两种排序都是不稳定的，若要求排序稳定，则可选用归并排序。本章介绍的从单个记录起进行两两归并的排序算法并不值得提倡，通常可以将它和直接插入排序结合在一起使用，即先利用直接插入排序求得较长的有序子文件，然后再两两归并之。因为直接插入排序是稳定的，所以改进后的归并排序仍是稳定的。

（4）若要将两个有序表组合成一个新的有序表，最好的方法是归并排序方法。

（5）在基于比较的排序方法中，每次比较两个排序项的大小之后，仅仅出现两种可能的转移，因此可以用一棵二叉树来描述比较判定过程，由此可以证明：当文件的 n 个排序项随机分布时，任何借助于比较的排序算法，至少需要 O($n$log$_2n$) 的时间。由于基数排序只需一步就会引起 r 种可能的转移，即把一个记录装入 r 个队列之一，因此在一般情况下，基数排序可能在 O(n) 时间内完成对 n 个记录的排序。但遗憾的是，基数排序只适用于像字符串和整数这类有明显结构特征的排序项，而当排序项的取值范围属于某个无穷集合（如实数型排序项）时，无法使用基数排序，这时只有借助于比较的方法来排序。由此可知，若 n 很大，记录的排序项位数较少且可以分解时，采用基数排序较好。

课 后 习 题

一、单项选择题

1. 若对 n 个元素进行直接插入排序，则进行任一趟排序的过程中，为寻找插入位置而需要的时间复杂度为（　　　）。

A. O(1)　　　　　　B. O(n)　　　　　　C. O(n^2)　　　　　　D. O(log$_2n$)

2. 在对 n 个元素进行直接插入排序的过程中，共需要进行（　　　）趟。

A. n　　　　　　B. n+1　　　　　　C. n-1　　　　　　D. 2n

3. 对 n 个元素进行直接插入排序的时间复杂度为（　　　）。

A. O(1)　　　　　　B. O(n)　　　　　　C. O(n^2)　　　　　　D. O(log$_2n$)

4. 在对 n 个元素进行冒泡排序的过程中，第一趟排序至多需要进行（　　　）对相邻元素之间的交换。

A. n　　　　　　B. n-1　　　　　　C. n+1　　　　　　D. n/2

5. 在对 n 个元素进行冒泡排序的过程中，至少需要（　　　）趟完成。

A. 1　　　　　　B. n　　　　　　C. n-1　　　　　　D. n/2

6. 对下列 4 个序列进行快速排序，各以第一个元素为基准进行第一次划分，则在该次划分过程中需要移动元素次数最多的序列为（　　　）。

A. 1, 3, 5, 7, 9　　　　B. 9, 7, 5, 3, 1　　　　C. 5, 3, 1, 7, 9　　　　D. 5, 7, 9, 1, 3

二、填空题

1. 每次从无序子表中取出一个元素，把它插入到有序子表中的适当位置，此种排序方法叫做_____排序；每次从无序子表中挑选出一个最小或最大元素，把它交换到有序表的一端，此种排序方法叫做_____排序。

2. 每次直接或通过支点元素间接比较两个元素，若出现逆序排列时就交换它们的位置，此种排序方法叫做_____排序；每次使两个相邻的有序表合并成一个有序表的排序方法叫做_____排序。

3. 在简单选择排序中，记录比较次数的时间复杂度为_____，记录移动次数的时间复杂度为_____。

4. 对 n 个记录进行冒泡排序时，最少的比较次数为_____，最少的趟数为_____。

5. _____排序方法使键值大的记录逐渐下沉，使键值小的记录逐渐上浮。

6. _____排序方法能够每次使无序表中的第一个记录插入到有序表中。

7. _____排序方法能够每次从无序表中顺序查找出一个最小值。

上 机 实 战

1. 设计一个程序，模仿例 9.3，将一个班学生的三门课成绩按升序进行排序。

2. 设计一个程序，将一组没有规律的英语单词按词典顺序进行排序。设单词均由小写字母或空格构成，最长的单词不超过 20 个字母。

课堂微博：

参 考 文 献

[1] 程杰. 大话设计模式. 北京：清华大学出版社，2012

[2] 程杰. 大话数据结构. 北京：北京大学出版社，2011

[3] 严蔚敏等. 数据结构. 北京：清华大学出版社，1997

[4] 李春葆. 数据结构教程（第2版）. 北京：清华大学出版社，2008

[5] 唐发根. 数据结构教程（第二版）. 北京：北京航空航天大学出版社，2005

[6] 刘汝佳. 算法竞赛入门经典. 北京：高等教育出版社，2009

[7] 邓锐等. Imagery Training in the Teaching of Data Structure Curriculum. ACM Inroads，2008

[8] 邓锐等. C# 程序设计案例教程. 北京：清华大学出版社，2013